电子电路设计、仿真与制作

常用电源电路设计及应用

（第 2 版）

周润景　王　伟　编著

電子工業出版社.

Publishing House of Electronics Industry

北京·BEIJING

内 容 简 介

本书介绍了 35 个典型的电源电路设计案例，内容包含固定式单电源直流稳压电路设计、可调式单电源直流稳压电路设计、固定式双电源直流稳压电路设计、可调式双电源直流稳压电路设计、固定式稳流电源电路设计、可调式稳流电源电路设计、固定式倍压器直流稳压电源电路设计、逆变式直流稳压电源电路设计、升压式 DC/DC 电源电路设计、正负跟踪直流稳压电源电路设计、恒功率充电电路设计、可调式恒流源电路设计、交流稳压电源电路设计、固定式恒流源充电电路设计、数控直流稳压电源电路设计、可调式倍压器直流稳压电源电路设计、恒压源充电电路设计、压控恒流源电路设计、数控直流稳流电源电路设计、电压型逆变电路设计、降压式 DC/DC 电源电路设计、可调式恒流源充电电路设计、数控直流恒流源电路设计、单电源变双电源电路设计、定时控制交流电源通断电路设计、高频交流稳压电源电路设计、可调式高压直流电源电路设计、基于 LD1117D12 的固定式恒流源电路设计、基于 LD1117V25 的可调式恒流源电路设计、基于 LD1117D50 的低压差直流稳压电源电路设计、基于 LF45CV 的直流稳压电源电路设计、1.2V/3V 可选输出直流稳压电源电路设计、基于 LM317T 的可调式带保护负载稳压电路设计、基于 ICL7660 的变极性 DC/DC 变换器设计、基于 CD4047BCN 的 DC/AC 逆变器设计。这些案例均来自作者多年的实际科研项目，因此具有很强的实用性。通过对本书的学习和实践，读者能够很快掌握常用电源电路设计及应用方法。

本书适合电子电路设计爱好者自学使用，也可作为高等学校相关专业课程设计、毕业设计及电子设计竞赛的指导书籍。

未经许可，不得以任何方式复制或抄袭本书之部分或全部内容。
版权所有，侵权必究。

图书在版编目（CIP）数据

常用电源电路设计及应用／周润景，王伟编著．—2 版．—北京：电子工业出版社，2021.1
（电子电路设计、仿真与制作）
ISBN 978-7-121-40413-9

Ⅰ．①常…　Ⅱ．①周…　②王…　Ⅲ．①电源电路–电路设计　Ⅳ．①TN710.02

中国版本图书馆 CIP 数据核字（2021）第 007672 号

责任编辑：张　剑　　文字编辑：刘真平
印　　刷：北京盛通数码印刷有限公司
装　　订：北京盛通数码印刷有限公司
出版发行：电子工业出版社
　　　　　北京市海淀区万寿路 173 信箱　邮编：100036
开　　本：787×1092　1/16　印张：17.75　字数：454.4 千字
版　　次：2017 年 5 月第 1 版
　　　　　2021 年 1 月第 2 版
印　　次：2024 年 9 月第 10 次印刷
定　　价：78.00 元

凡所购买电子工业出版社图书有缺损问题，请向购买书店调换。若书店售缺，请与本社发行部联系，联系及邮购电话：（010）88254888，88258888。
质量投诉请发邮件至 zlts@phei.com.cn，盗版侵权举报请发邮件至 dbqq@phei.com.cn。
本书咨询联系方式：zhang@phei.com.cn。

前　言

随着科学技术的发展，电源电路在现代人的工作、科研、生活、学习中扮演着极为重要的角色。在我们使用的电子电路中，选用适当的电源电路进行供电是必不可少的。电源电路作为电子技术常用的设备之一，广泛地应用于教学、科研等领域。

本书是作者对多年实践经验的整理和总结，读者通过对本书的学习，可以借鉴作者的研发思路和实践经验，能够尽快取得最佳的学习效果，这样无疑是找到了更有效的学习途径，减少了许多不必要的摸索时间。从实践性与技术性的角度来看，本书均有其独特的地方，对读者有一定的指导作用。

本书详细介绍了 35 个项目，包括固定式单电源直流稳压电路设计、可调式单电源直流稳压电路设计、固定式双电源直流稳压电路设计、可调式双电源直流稳压电路设计、固定式稳流电源电路设计、可调式稳流电源电路设计、固定式倍压器直流稳压电源电路设计、逆变式直流稳压电源电路设计、升压式 DC/DC 电源电路设计、正负跟踪直流稳压电源电路设计、恒功率充电电路设计、可调式恒流源电路设计、交流稳压电源电路设计、固定式恒流源充电电路设计、数控直流稳压电源电路设计、可调式倍压器直流稳压电源电路设计、恒压源充电电路设计、压控恒流源电路设计、数控直流稳流电源电路设计、电压型逆变电路设计、降压式 DC/DC 电源电路设计、可调式恒流源充电电路设计、数控直流恒流源电路设计、单电源变双电源电路设计、定时控制交流电源通断电路设计、高频交流稳压电源电路设计、可调式高压直流电源电路设计、基于 LD1117D12 的固定式恒流源电路设计、基于 LD1117V25 的可调式恒流源电路设计、基于 LD1117D50 的低压差直流稳压电源电路设计、基于 LF45CV 的直流稳压电源电路设计、1.2V/3V 可选输出直流稳压电源电路设计、基于 LM317T 的可调式带保护负载稳压电路设计、基于 ICL7660 的变极性 DC/DC 变换器设计、基于 CD4047BCN 的 DC/AC 逆变器设计。每个项目电路都对其传感器及电路各组成部分进行了详细的说明，使读者可以清晰了解各个模块的具体功能，并实现整体电路的仿真设计。各设计除经仿真验证外，另已制成实物进行测试并达到了设计指标。

本书的内容来自作者的科研与实践，有关内容的讲解并没有过多的理论推导，而代之以实用的电路设计，因此实用是本书的一大特点。

为便于读者阅读、学习，特提供本书范例的下载资源，请访问华信教育资源网（www.hxedu.com.cn）下载该资源。需要说明的是：本书是由诸多相对独立的项目组成的，读者可根据自身需要挑选感兴趣的项目进行阅读、学习，为了保持每个项目的独立性和完整性，难免存在些许重复的内容；为了与软件实际操作的结果保持一致，书中未对由软件生成的截屏图进行标准化处理。

本书力求做到精选内容、推陈出新；讲清基本概念、基本电路的工作原理和基本分析方法。本书语言生动精练、内容详尽，并且包含了大量可供参考的实例。

本书由周润景、王伟编著。其中，王伟编写了项目 20~25，周润景编写了其余项目。全书由周润景统稿、定稿。另外，参加本书编写的还有张红敏和周敬。

在本书的编写过程中，作者力求完美，但由于水平有限，书中不足之处敬请读者批评指正。

编著者

目 录

项目1 固定式单电源直流稳压电路设计

在我们使用的电子电路中，多数都需要稳定的直流电源进行供电。直流稳压电源作为电子技术常用的设备之一，广泛地应用于教学、科研等领域。传统的多功能直流稳压电源功能简单、控制困难、可靠性低、干扰大、精度低且体积大。本项目所介绍的固定式单电源直流稳压电路与传统的稳压电源相比，具有操作方便、电压稳定度高等特点。

许多电子产品，如电视机、电子计算机、音响设备等都需要直流电源，电子仪器也需要直流电源，实验室更需要独立的直流电源。为了提高电子设备的精度及稳定性，在直流电源中还要加入稳压电路，因此称为直流稳压电源。典型的直流稳压电源主要由电源变压器、整流电路、滤波电路和稳压电路等几部分构成。电源变压器把 50Hz 的交流电网电压变成所需要的交流电压；整流电路用来将交流电变换为单向脉动直流电；滤波电路用来滤除整流后单向脉动电流中的交流成分（即纹波电压），使其成为平滑的直流电；稳压电路的作用是当输入交流电网电压波动、负载及温度变化时，维持输出直流电压的稳定。

 设计任务

设计一个简单的直流稳压电源，将市电转变为直流稳压+5V。

 基本要求

☺ 能够提供稳定的+5V 直流稳压电源。
☺ 最大输出电流为 1A，电压调整率≤0.2%，负载调整率≤1%，纹波电压（峰-峰值）≤5mV（最低输入电压下，满载）。
☺ 具有过流及短路保护功能。

系统组成

固定式单电源直流稳压电路系统主要分为以下四部分。
☺ 降压电路：利用变压器对 220V 交流电网电压进行降压，输出所需的交流电压，以满足后续电路的需要。除特别说明外，本书所有项目中均使用交流调压电源箱对市电进行降压，故实际电路设计中不包括此部分。

☺ 整流电路：将交流电压变为单向脉动的直流电压。

☺ 滤波电路：滤除整流电路输出的直流电中的纹波，将脉动的直流电压转变为平滑的直流电压，主要利用储能元件电容来实现。

☺ 稳压电路：清除电网波动及负载变化的影响，保持输出电压的稳定。

系统模块框图如图 1-1 所示。

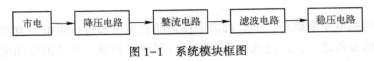

图 1-1　系统模块框图

 **模块详解**

1. 整流电路

它是全波整流的一种方式，称为桥式整流电路。该电路使用四个二极管，变压器有中心抽头。单相桥式整流电路的变压器中只有交流电流流过，效率较高。利用两个半桥轮流导通，形成信号的正半周和负半周。使用有中心抽头的变压器则可以得到正负两个电压输出。

整流电路原理图如图 1-2 所示。整流电路输出端（out1 端）输出波形，仿真结果如图 1-3 所示。

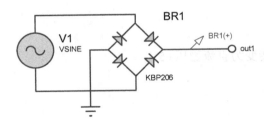

图 1-2　整流电路原理图

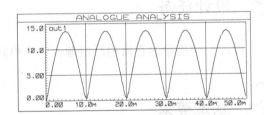

图 1-3　整流电路输出仿真结果

交流电压设定如图 1-4 所示，将电压输入设置为 15V，频率设置为 50Hz，模仿市电经变压后的低压交流电源输入。

2. 滤波电路

电容滤波一般负载电流较小，可以满足放电时间常数较大的条件，所以输出电压波形的放电段比较平缓，纹波较小，输出脉动系数 S 小，输出平均电压 U_0 大，具有较好的滤波特性。把电容和负载并联，正半周时电容充电，负半周时电容放电，就可使负载上得到平滑的直流电。电路在三端稳压器的输入端接入电解电容 $C_1 = 1000\mu F$，用于电源滤波，其后并入电解电容 $C_2 = 4.7\mu F$ 用于进一步滤波。在三端稳压器输出端接入电解电容 $C_3 = 4.7\mu F$ 用于减小电压纹波，而并入陶瓷电容 $C_4 = 0.1\mu F$ 用于改善负载的瞬态响应并抑制高频干扰（陶瓷小电容电感效应很小，可以忽略，而电解电容因为电感效应在高频段比较明显，所以不能抑制高频干扰）。滤波电路如图 1-5 所示。

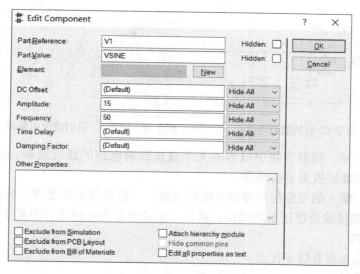

图 1-4　交流电压设定

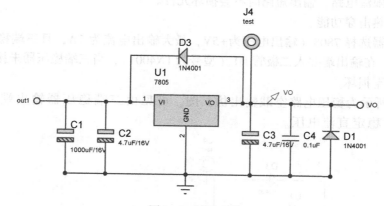

图 1-5　滤波电路

为了验证滤波电路的效果，以前端滤波电路（见图 1-6）为例进行分析。前端滤波电路输出端（out1 端）输出波形，仿真结果如图 1-7 所示。

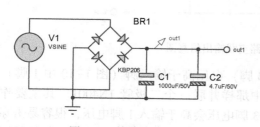

图 1-6　前端滤波电路

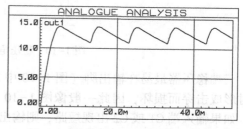

图 1-7　前端滤波电路输出仿真结果

为了验证滤波电容的效果，在原电路输入的基础上将滤波电容 C_1 改为 $100\mu F$，输入信号依然为 15V、50Hz 的交流信号，如图 1-8 所示。利用软件图表功能仿真 out1 端输出波形，调节 C_1 后的滤波电路输出仿真结果如图 1-9 所示。

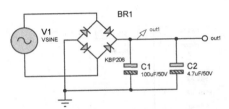

图1-8 调节 C_1 后的滤波电路

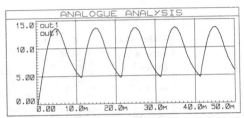

图1-9 调节 C_1 后的滤波电路输出仿真结果

如图1-9所示，滤波电路中电容的大小直接影响电路的滤波效果。若将电容值设置过小，则电路的滤波效果也会减弱。

综上所述，输入的交流信号经整流电路整流，又经滤波电路处理，最终将稳定、有效的电压由out1端传输至稳压电路模块。可见，滤波电路在电路设计中是十分重要的。

3. 稳压电路

使用三端稳压器有以下优点。

（1）元件数量少。

（2）带有限流电路，输出短路时不会损坏元件。

（3）具有热击穿功能。

三端稳压器选择7805（输出电压为+5V，最大输出电流为1A，且三端稳压器内部已有限流电路），在输出端并入二极管D1（型号为1N4001），当三端稳压器未接入输入电压时可保护其不至损坏。

图1-10所示为稳压电路空载输出仿真图，可见由三端稳压器输出端 VO 经滤波输出+4.94V 稳定直流电压。

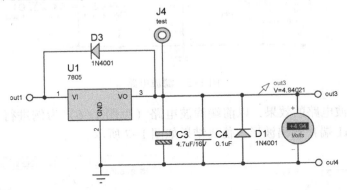

图1-10 稳压电路空载输出仿真图

三端稳压器最易在输出脚（图1-10中3脚）电压高于输入脚（图1-10中1脚）电压时形成击穿而损坏，因此一般像图1-10中那样并联一个二极管1N4001。其主要作用是：如果输入端C1或C2出现短路，则输出3脚电压会高于输入1脚电压，很容易击穿三端稳压器，所以反向并联一个二极管，对2脚电压进行泄放，使3脚到1脚电压限幅为0.7V，可有效保护三端稳压器不被反向击穿。

稳压电路空载输出显示如图1-11所示。

在稳压电路输出端out3处接入300Ω电阻与LED负载进行稳压测试，输出仿真图如图1-12所示。

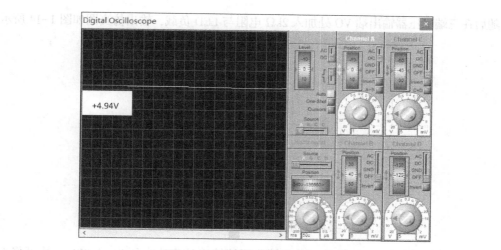

图 1-11　稳压电路空载输出显示

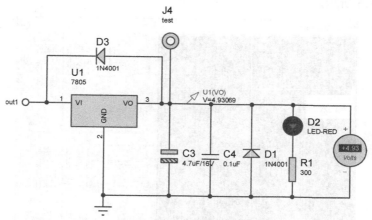

图 1-12　稳压电路负载输出仿真图（一）

加入 300Ω 电阻与 LED 负载后，由三端稳压器输出的直流电压大小为+4.93V，并可将 LED 点亮。用示波器监视稳压电路输出 VO，如图 1-13 所示。

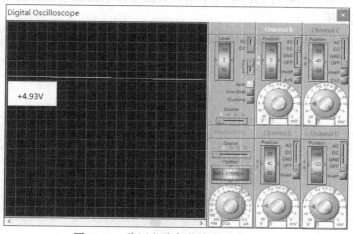

图 1-13　稳压电路负载输出显示（一）

随后在三端稳压器输出端 VO 处加入 2kΩ 电阻与 LED 负载，输出仿真图如图 1-14 所示。

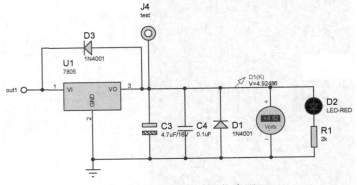

图 1-14　稳压电路负载输出仿真图（二）

加入 2kΩ 电阻与 LED 负载后，由三端稳压器输出的直流电压为+4.92V，并可将 LED 点亮，如图 1-15 所示。

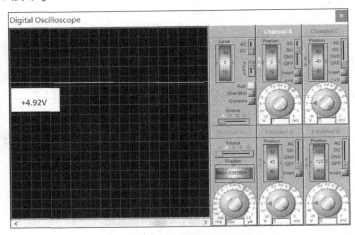

图 1-15　稳压电路负载输出显示（二）

综上所述，本项目所设计的固定式单电源直流稳压电路能够在负载变化的情况下提供稳定的+5V 直流电压。

固定式单电源直流稳压电路整体电路原理图如图 1-16 所示。

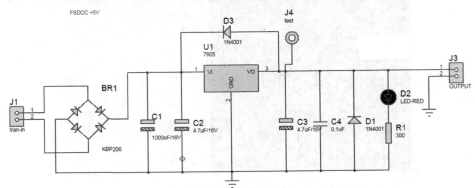

图 1-16　固定式单电源直流稳压电路整体电路原理图

经过对电路板的实际测试，测试结果显示输出电压为 5.0V，设计要求单电源输出 5V 电压，实测符合设计要求。

 ## PCB 版图

PCB 版图如图 1-17 所示。

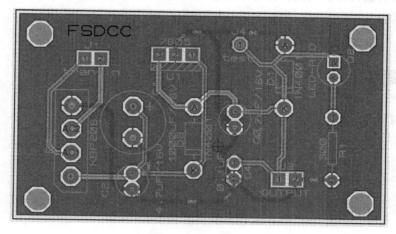

图 1-17　PCB 版图

 ## 实物测试

固定式单电源直流稳压电路实物图如图 1-18 所示，固定式单电源直流稳压电路测试图如图 1-19 所示。

图 1-18　固定式单电源直流稳压电路实物图

图 1-19　固定式单电源直流稳压电路测试图

 ## 思考与练习

（1）在设计电源电路时，如何根据电源的要求对器件进行选择？

答：二极管的选择要满足额定电压值和额定电流值。

（2）电源电路中对输入电压有何要求？

答：为了使三端稳压器 7805 能够正常工作，输入电压必须保证在 8V 以上。7805 正常工作时输入、输出之间的电压差必须在 3V 以上。

（3）如何验证设计电路是否满足设计要求参数？

答：利用 Proteus 软件对电路进行仿真，用电压探针和图表观察输出电压值，通过改变负载电阻得到最大输出电流，并可以观察电流调整率和电压调整率，以此验证电路是否满足设计要求。

 特别提醒

当供电时间过长时，需要对三端稳压器安装散热片进行散热。

项目 2　可调式单电源直流稳压电路设计

　　直流稳压电源在现代人的工作、科研、生活、学习中扮演着极为重要的角色。本项目所介绍的可调式单电源直流稳压电路在固定式单电源直流稳压电路的基础上，具有电压可控、电压稳定度高等特点，其输出电压精确可测，可用于对电源精度要求比较高的设备或科研实验。

 ## 设计任务

　　设计一个可调的直流稳压电源，将市电转变为直流稳压+5V。

 ## 基本要求

　　☺ 能够提供可调的 0～+5V 直流稳压电源。
　　☺ 具有过流及短路保护功能。

系统组成

　　可调式单电源直流稳压电路系统主要分为以下四部分。
　　☺ 降压电路：利用变压器对 220V 交流电网电压进行降压，将其变为所需要的交流电压，以满足+5V 电源输出的需要。
　　☺ 整流电路：将交流电压变为单向脉动的直流电压。
　　☺ 滤波电路：滤除整流电路输出的直流电中的纹波，将脉动的直流电压转变为平滑的直流电压，主要利用储能元件电容来实现。
　　☺ 稳压电路：清除电网波动及负载变化的影响，保持输出电压的稳定。
　　系统模块框图如图 2-1 所示。

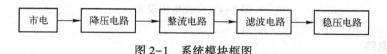

图 2-1　系统模块框图

模块详解

1. 整流电路

它是全波整流的一种方式，称为桥式整流电路。该电路使用四个二极管，变压器有中心抽头。单相桥式整流电路的变压器中只有交流电流流过，效率较高。利用两个半桥轮流导通，形成信号的正半周和负半周。使用有中心抽头的变压器则可以得到正负两个电压输出。整流电路原理图如图 2-2 所示。整流电路输出端（out1 端）输出波形，仿真结果如图 2-3 所示。

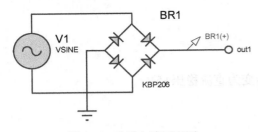

图 2-2　整流电路原理图

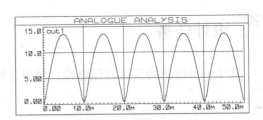

图 2-3　整流电路输出仿真结果

交流电压设定如图 2-4 所示，将电压输入设置为 15V，频率设置为 50Hz，模仿市电经变压后的低压交流电源输入。

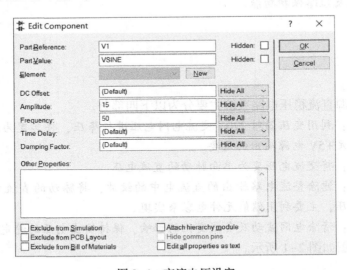

图 2-4　交流电压设定

2. 滤波电路

电容滤波一般负载电流较小，可以满足放电时间常数较大的条件，所以输出电压波形的放电段比较平缓，纹波较小，输出脉动系数 S 小，输出平均电压 U_o 大，具有较好的滤波特性。把电容和负载并联，正半周时电容充电，负半周时电容放电，就可使负载上得到平滑的直流电。电路在三端稳压器的输入端接入电解电容 $C_1 = 1000\mu F$ 用于电源滤波，其后并入电解电容 $C_2 = 4.7\mu F$ 用于进一步滤波。在三端稳压器输出端接入电解电容 $C_5 = 4.7\mu F$ 用于减小电压纹波，而并入陶瓷电容 $C_7 = 100nF$ 用于改善负载的瞬态响应并抑制高频干扰（陶瓷小电容电感效应很小，可以忽略，而电解电容因为电感效应在高频段比较明显，所以不能抑制高频干扰）。滤波电路原理图如图 2-5 所示。

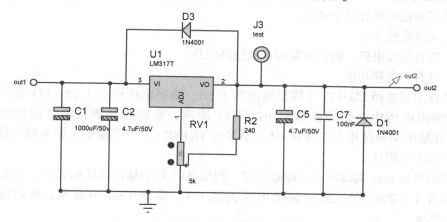

图 2-5　滤波电路原理图

为了验证滤波电路的效果，以前端滤波电路（见图 2-6）为例进行分析。前端滤波电路输出端（out1 端）输出波形，仿真结果如图 2-7 所示。

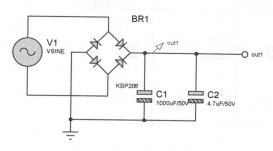

图 2-6　前端滤波电路

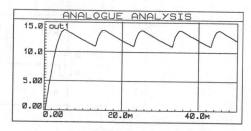

图 2-7　前端滤波电路输出仿真结果

为了验证滤波电容的效果，在原电路输入的基础上将滤波电容 C_1 改为 $100\mu F$，输入信号依然为 15V、50Hz 的交流信号，如图 2-8 所示。利用软件图表功能仿真 out1 端输出波形，调节 C_1 后的滤波电路输出仿真结果如图 2-9 所示。

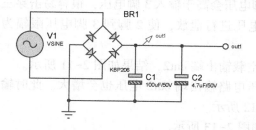

图 2-8　调节 C_1 后的滤波电路

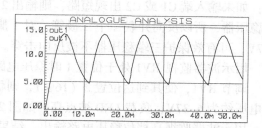

图 2-9　调节 C_1 后的滤波电路输出仿真结果

11

如图 2-9 所示，滤波电路中电容的大小直接影响电路的滤波效果。若将电容值设置过小，则电路的滤波效果也会减弱。

综上所述，输入的交流信号经整流电路整流，又经滤波电路处理，最终将稳定、有效的电压由 out1 端传输至稳压电路模块。可见，滤波电路在电路设计中是十分重要的。

3. 稳压电路

使用三端稳压器有以下优点。

（1）元件数量少。

（2）带有限流电路，输出短路时不会损坏元件。

（3）具有热击穿功能。

三端稳压器选择 LM317T（输出电流为 1.5A，输出电压可在 1.25～37V 之间连续调节），其输出电压由两个外接电阻 R2、RV1 决定，输出端和调整端之间的电压差为 1.25V。在输出端同时并入二极管 D1（型号为 1N4001），当三端稳压器未接入输入电压时可保护其不至损坏。

电源信号由 out1 端输入至三端稳压器，利用 RV1 控制输出电压的大小，调节 RV1 电位器至位置 1（2%）处，此时输出电压为 2.12V，负载 LED 不点亮，电路仿真图如图 2-10 所示。

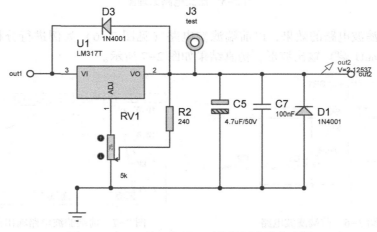

图 2-10　RV1 处于位置 1 时的稳压电路仿真图

三端稳压器最易在输出脚（图 2-10 中 2 脚）电压高于输入脚（图 2-10 中 3 脚）电压时形成击穿而损坏，因此一般像图 2-10 中那样并联一个二极管 1N4001。其主要作用是：如果输入端 C1 或 C2 出现短路，则输出 2 脚电压会高于输入 3 脚电压，很容易击穿三端稳压器，所以反向并联一个二极管，对 1 脚电压进行泄放，使 2 脚到 3 脚电压限幅为 0.7V，可有效保护三端稳压器不被反向击穿。

用示波器监视 RV1 处于位置 1 时稳压电路空载输出端 out2，结果如图 2-11 所示。

调节 RV1，使其到达位置 2（16%），则稳压电路输出端 out2 电压也会增大。此时输出电压约为 6.37V，负载 LED 被点亮，如图 2-12 所示。

用示波器监视高挡位稳压电路输出，结果如图 2-13 所示。

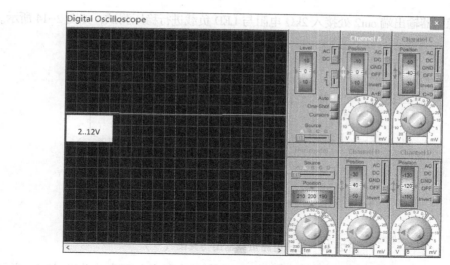

图 2-11　RV1 处于位置 1 时的稳压电路空载输出显示

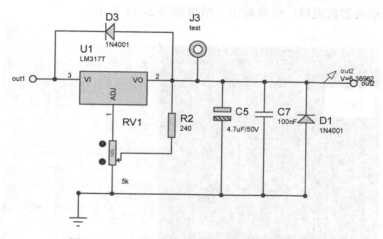

图 2-12　RV1 处于位置 2 时的稳压电路仿真图

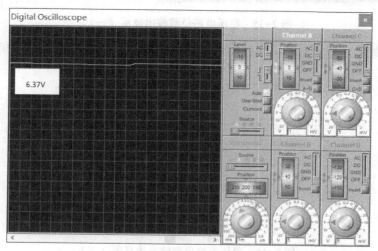

图 2-13　RV1 处于位置 2 时的稳压电路空载输出显示

在三端稳压器输出端 out2 处接入 2kΩ 电阻与 LED 负载进行稳压测试，如图 2-14 所示。

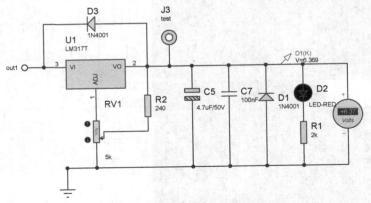

图 2-14　稳压电路负载输出仿真图（一）

加入 2kΩ 电阻与 LED 负载后，由三端稳压器输出的直流电压大小为 6.37V，并可将 LED 点亮。用示波器监视稳压电路输出，结果如图 2-15 所示。

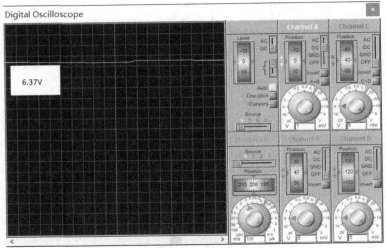

图 2-15　稳压电路负载输出显示（一）

随后在三端稳压器输出端 out2 处加入 5kΩ 电阻与 LED 负载进行测试，如图 2-16 所示。

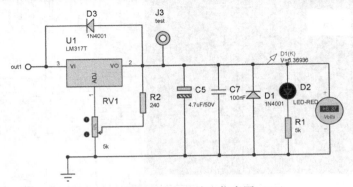

图 2-16　稳压电路负载输出仿真图（二）

加入 5kΩ 电阻与 LED 负载后，由三端稳压器输出的直流电压大小为 6.37V，并可将 LED 点亮。用示波器监视稳压电路当前输出，结果如图 2-17 所示。

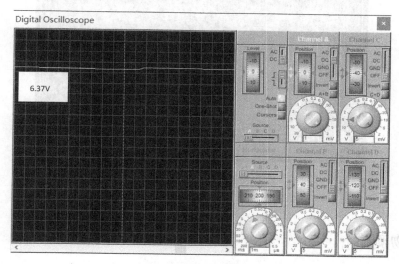

图 2-17　稳压电路负载输出显示（二）

综上所述，本项目所设计的可调式单电源直流稳压电路能够在负载变化的情况下提供稳定可调的直流电压。

可调式单电源直流稳压电路整体电路原理图如图 2-18 所示。

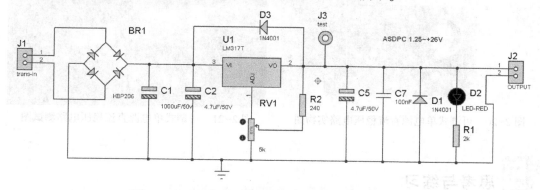

图 2-18　可调式单电源直流稳压电路整体电路原理图

经过对电路板进行实际测试，输入 15V 交流电压，输出在 1.48 ~ 14.84V 之间可调，基本符合设计要求。

 **PCB 版图**

PCB 版图如图 2-19 所示。

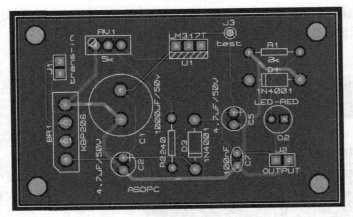

图 2-19　PCB 版图

 实物测试

可调式单电源直流稳压电路实物图如图 2-20 所示，可调式单电源直流稳压电路测试图如图 2-21 所示。

图 2-20　可调式单电源直流稳压电路实物图

图 2-21　可调式单电源直流稳压电路测试图

 思考与练习

（1）在设计可调稳压电源电路时，如何实现电路可调功能？

答：使用电位器控制 LM317T 的 1 脚电压，从而控制 LM317T 的直流电压输出值，实现电路的可调功能。

（2）电源电路中对输入电压有何要求？

答：为了使 LM317T 能够正常工作，输入电压必须保证为 30V。

 特别提醒

当供电时间过长时，需要对三端稳压器安装散热片进行散热。

16

项目3 固定式双电源直流稳压电路设计

日常生活中恒压源很常见，蓄电池、干电池是直流恒压电源，而220V交流电则可认为是一种交流恒压电源，因为它们的输出电压是基本不变的，是不随输出电流的大小而大幅变化的。本项目所介绍的固定式双电源直流稳压电路，可将交流电源转变为要求的直流电源，具有操作方便、电压稳定度高等特点，其输出电压精确可测。

设计任务

设计一个简单的直流稳压电源，将市电转变为直流稳压±15V。

基本要求

☺ 能够提供稳定的±15V直流稳压电源。

☺ 最大输出电流为1A，电压调整率≤0.2%，负载调整率≤1%，纹波电压（峰−峰值）≤5mV（最低输入电压下，满载）。

☺ 具有过流及短路保护功能。

系统组成

固定式双电源直流稳压电路系统主要分为以下四部分。

☺ 降压电路：利用变压器对220V交流电网电压进行降压，将其变为所需要的交流电压，以满足±15V电源输出的需要。

☺ 整流电路：将交流电压变为单向脉动的直流电压。

☺ 滤波电路：滤除整流电路输出的直流电中的纹波，将脉动的直流电压转变为平滑的直流电压，主要利用储能元件电容来实现。

☺ 稳压电路：清除电网波动及负载变化的影响，保持输出电压的稳定。

系统模块框图如图3-1所示。

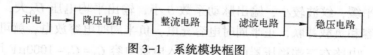

图3-1 系统模块框图

模块详解

1. 整流电路

它是全波整流的一种方式，称为桥式整流电路。该电路使用四个二极管，变压器有中心抽头。单相桥式整流电路的变压器中只有交流电流流过，效率较高。利用两个半桥轮流导通，形成信号的正半周和负半周。使用有中心抽头的变压器则可以得到正负两个电压输出。整流电路原理图如图 3-2 所示。整流电路输出用示波器监视，仿真结果如图 3-3 所示。

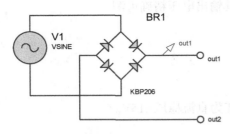

图 3-2　整流电路原理图

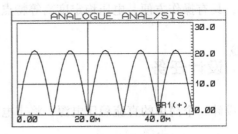

图 3-3　整流电路输出仿真结果

交流电压设定如图 3-4 所示，为了模仿市电经降压后的输入电压，将电压输入设置为 50V，频率设置为 50Hz。

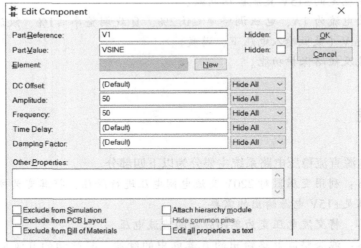

图 3-4　交流电压设定

2. 滤波电路

电容滤波一般负载电流较小，可以满足放电时间常数较大的条件，所以输出电压波形的放电段比较平缓，纹波较小，输出脉动系数 S 小，输出平均电压 U_0 大，具有较好的滤波特性。把电容和负载并联，正半周时电容充电，负半周时电容放电，就可使负载上得到平滑的直流电。电路在三端稳压器的输入端接入电解电容 $C_1 = C_3 = 1000\mu F$ 用于电源滤波，其后并入电解电容 $C_2 = C_4 = 4.7\mu F$ 用于进一步滤波。在三端稳压器输出端接入电解电容

$C_5 = C_6 = 4.7 \mu F$ 用于减小电压纹波，而并入陶瓷电容 $C_7 = C_8 = 100nF$ 用于改善负载的瞬态响应并抑制高频干扰（陶瓷小电容电感效应很小，可以忽略，而电解电容因为电感效应在高频段比较明显，所以不能抑制高频干扰）。滤波电路如图 3-5 所示。

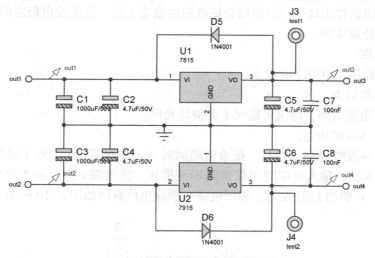

图 3-5　滤波电路

为了验证滤波电路的效果，以前端滤波电路（见图 3-6）为例进行分析。
前端滤波电路输出用示波器监视，仿真结果如图 3-7 所示。

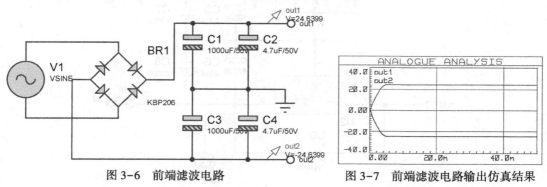

图 3-6　前端滤波电路　　　　　　　　　图 3-7　前端滤波电路输出仿真结果

若将 C_1 调节为 $100 \mu F$，如图 3-8 所示，则会导致电路输出端 out1 与 out2 输出电压大小不等。在滤波电路输出端 out1 与 out2 处加入探针，用图表显示其输出仿真结果，如图 3-9 所示。

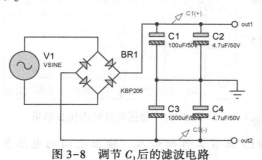
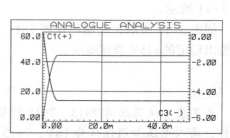

图 3-8　调节 C_1 后的滤波电路　　　　图 3-9　调节 C_1 后滤波电路输出仿真结果

19

如图 3-9 所示，滤波电路中电容的大小除影响电路的滤波效果外，还影响电桥的整流输出。若上下电路滤波效果不同，则不会输出大小相等的直流电压有效值，即不会输出大小相等的直流正负电压。

可见滤波电路在出现干扰时能够保证电路的稳定工作，从而输出稳定的电压，这在电路设计中是十分重要的。

3. 稳压电路

使用三端稳压器有以下优点。

（1）元件数量少。

（2）带有限流电路，输出短路时不会损坏元件。

（3）具有热击穿功能。

三端稳压器选择 7815、7915，在输出端同时并入二极管 D5、D6（型号为 1N4001），当三端稳压器未接入输入电压时可保护其不至损坏。输出端 out3、out4 分别可输出+15V 与−15V 电压，并驱动 LED 发光，稳压电路空载输出仿真图如图 3-10 所示。

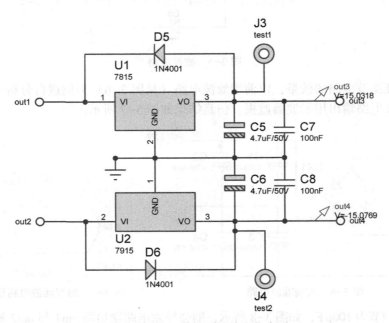

图 3-10　稳压电路空载输出仿真图

用图表功能记录稳压电路空载输出，如图 3-11 所示。

如图 3-11 所示，三端稳压器 7815、7915 可输出稳定的±15V 直流电压。

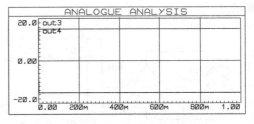

图 3-11　稳压电路输出仿真结果

注意

为了使三端稳压器 7815、7915 能够正常工作，输入电压必须保证为 18V。7815、7915 正常工作时输入、输出之间的电压差必

20

须在 3V 以上。为此，使用 7815、7915 时输入电压应在 18V 以上，最大输入电压不超过 35V。

在三端稳压器 7815、7915 输出端 out3、out4 处接入 2kΩ 电阻与 LED 负载进行测试，如图 3-12 所示。稳压电路输出为两个稳定的 ±15V 电压，如图 3-13 所示。

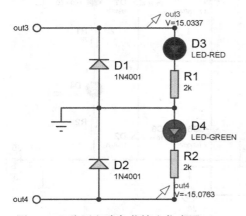
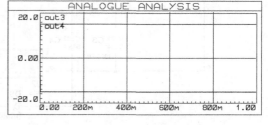

图 3-12　稳压电路负载输出仿真图（一）　　　　图 3-13　稳压电路负载输出显示（一）

在三端稳压器 7815、7915 输出端 out3、out4 处接入 10kΩ 电阻与 LED 负载进行测试，如图 3-14 所示。稳压电路输出为两个稳定的 ±15V 电压，如图 3-15 所示。

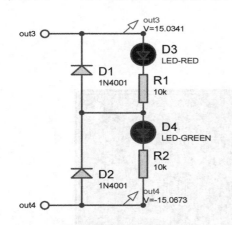
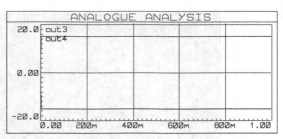

图 3-14　稳压电路负载输出仿真图（二）　　　　图 3-15　稳压电路负载输出显示（二）

综上所述，本项目所设计的固定式双电源直流稳压电路能够在负载变化的情况下提供稳定的 ±15V 直流稳压电源，满足设计指标。

固定式双电源直流稳压电路整体电路原理图如图 3-16 所示。

对电路板进行实际测试，正电压输出为 14.84V，负电压输出为 -14.77V，设计要求输出双电源 ±15V 电压，实测基本符合设计要求。

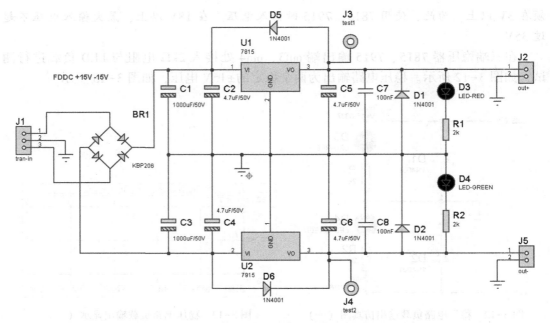

图 3-16 固定式双电源直流稳压电路整体电路原理图

 PCB 版图

PCB 版图如图 3-17 所示。

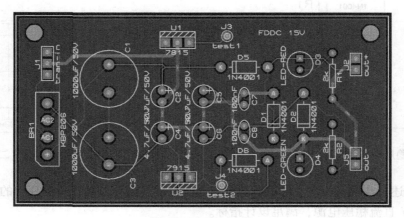

图 3-17 PCB 版图

 实物测试

固定式双电源直流稳压电路实物图如图 3-18 所示，固定式双电源直流稳压电路测试图如图 3-19 所示。

图 3-18　固定式双电源直流稳压电路实物图　　　图 3-19　固定式双电源直流稳压电路测试图

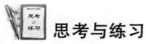 **思考与练习**

（1）电源电路中对输入电压有何要求？

答：为了使三端稳压器 7815、7915 能够正常工作，输入电压必须保证为 18V。7815、7915 正常工作时输入、输出之间的电压差必须在 3V 以上。为此，使用 7815、7915 时输入电压应在 18V 以上，最大输入电压不超过 35V。

（2）如何验证设计电路是否满足设计要求参数？

答：利用 Proteus 软件对电路进行仿真，用电压探针和图表观察输出电压值，通过改变负载电阻得到最大输出电流并可以观察电流调整率和电压调整率，以此验证电路是否满足设计要求。

 特别提醒

需在三端稳压器上安装散热器。一般半导体集成电路所能承受的消耗功率与器件尺寸大小成正比。当不加散热器时 7815 允许功耗约为 1.5W。若考虑输出短路的情况，功耗会增至 2.1W，为提高三端稳压器的承受能力，长时间供电时需使用散热器。

项目4 可调式双电源直流稳压电路设计

本项目所介绍的可调式双电源直流稳压电路在项目3的基础上，利用三端稳压器来实现对输出电压的调整，可将交流电源信号转变为直流稳压电源，实现输出可调，具有操作方便、电压稳定度高等特点。除输出正直流电压外，还输出负直流电压，可用于对电源精度要求比较高的设备或科研实验。

 设计任务

设计一个简单的直流稳压电源，将市电转变为直流稳压电源，使其输出双电源，并能在±(1.25~26)V之间可调。

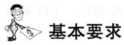 **基本要求**

☺ 能够提供稳定的±(1.25~26)V之间可调直流稳压电源。
☺ 最大输出电流为1A，电压调整率≤0.2%，负载调整率≤1%，纹波电压（峰-峰值）≤5mV（最低输入电压下，满载）。
☺ 具有过流及短路保护功能。

系统组成

可调式双电源直流稳压电路系统主要分为以下四部分。
☺ 降压电路：利用变压器对220V交流电网电压进行降压，将其变为所需要的交流电压，以满足±(1.25~26)V电源输出的需要。
☺ 整流电路：将交流电压变为单向脉动的直流电压。
☺ 滤波电路：滤除整流电路输出的直流电中的纹波，将脉动的直流电压转变为平滑的直流电压，主要利用储能元件电容来实现。
☺ 稳压电路：清除电网波动及负载变化的影响，保持输出电压的稳定。
系统模块框图如图4-1所示。

图4-1 系统模块框图

模块详解

1. 整流电路

它是全波整流的一种方式，称为桥式整流电路。该电路使用四个二极管，变压器有中心抽头。单相桥式整流电路的变压器中只有交流电流流过，效率较高。利用两个半桥轮流导通，形成信号的正半周和负半周。使用有中心抽头的变压器则可以得到正负两个电压输出。

整流电路原理图如图 4-2 所示。整流电路输出用示波器监视，仿真结果如图 4-3所示。

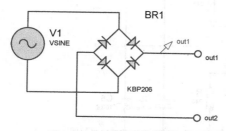

图 4-2　整流电路原理图

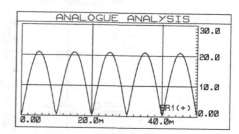

图 4-3　整流电路输出仿真结果

交流电压设定如图 4-4 所示，为了模仿市电经降压后的输入电压，将电压输入设置为 50V，频率设置为 50Hz。

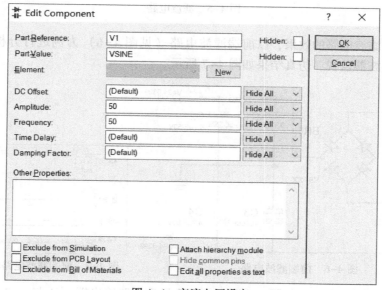

图 4-4　交流电压设定

2. 滤波电路

电容滤波一般负载电流较小，可以满足放电时间常数较大的条件，所以输出电压波形的放电段比较平缓，纹波较小，输出脉动系数 S 小，输出平均电压 U_0 大，具有较好的滤波特性。把电容和负载并联，正半周时电容充电，负半周时电容放电，就可使负载上得到

25

平滑的直流电。电路在三端稳压器的输入端接入电解电容 $C_1 = C_3 = 1000\mu F$ 用于电源滤波，其后并入电解电容 $C_2 = C_4 = 4.7\mu F$ 用于进一步滤波。在三端稳压器输出端接入电解电容 $C_5 = C_6 = 4.7\mu F$ 用于减小电压纹波，而并入陶瓷电容 $C_7 = C_8 = 100nF$ 用于改善负载的瞬态响应并抑制高频干扰（陶瓷小电容电感效应很小，可以忽略，而电解电容因为电感效应在高频段比较明显，所以不能抑制高频干扰）。滤波电路如图 4-5 所示。

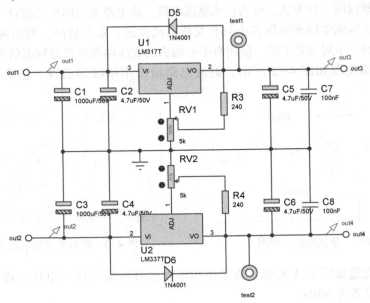

图 4-5　滤波电路

　　为了验证滤波电路的效果，以前端滤波电路（见图 4-6）为例进行分析。前端滤波电路输出用示波器监视，仿真结果如图 4-7 所示。

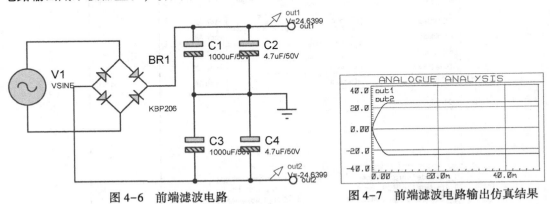

图 4-6　前端滤波电路　　　　　　　图 4-7　前端滤波电路输出仿真结果

　　若将 C_1 调节为 $100\mu F$，如图 4-8 所示，则会导致电路输出端 out1 与 out2 输出电压大小不等。在滤波电路输出端 out1 与 out2 处加入探针，用图表显示其输出仿真结果，如图 4-9 所示。

　　与固定式双电源直流稳压电路类似，本项目滤波电路中电容的大小除影响电路的滤波效果外，还影响电桥的整流输出。若上下电路不对称，则不会输出大小相等的直流电压有效值，即不会输出大小相等的直流正负电压。

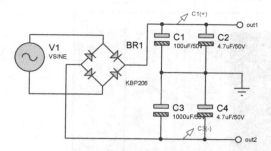

图 4-8　调节 C_1 后的滤波电路

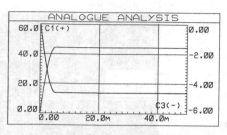

图 4-9　调节 C_1 后滤波电路输出仿真结果

3. 稳压电路

使用三端稳压器有以下优点。

（1）元件数量少。

（2）带有限流电路，输出短路时不会损坏元件。

（3）具有热击穿功能。

三端稳压器选择 LM317T 和 LM337T，它们的输出电压可在 1.25~37V 和 -37~-1.25V 之间连续调节，其输出电压由两个外接电阻 RV1、RV2 决定，输出端和调整端之间的电压差为 1.25V。在输出端同时并入二极管 D5、D6（型号为 1N4001），当三端稳压器未接入输入电压时可保护其不至损坏。

利用 RV1、RV2 控制输出电压大小，调节 RV1，使其处于位置 1（9%），此时电路输出端 out3 输出 +4.28V 直流电压，输出端 out4 输出 -11.36V 直流电压，如图 4-10 所示。

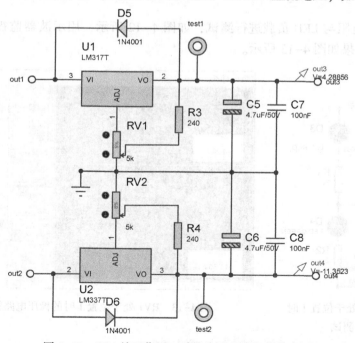

图 4-10　RV1 处于位置 1 时的稳压电路空载仿真图

27

用示波器监视正电压输出端 out3 与 out4，结果如图 4-11 所示。

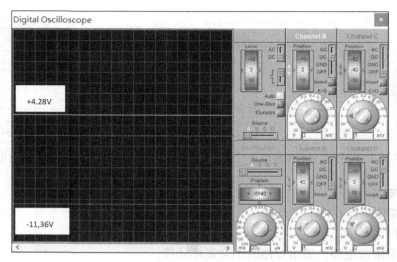

图 4-11　RV1 处于位置 1 时的稳压电路空载输出显示

如图 4-11 所示，该稳压电路输出稳定的正负电压。三端稳压器最易在输出脚（图 4-10 中 2 脚）电压高于输入脚（图 4-10 中 3 脚）电压时形成击穿而损坏，因此一般像图 4-10 中那样并联一个二极管 1N4001。其主要作用是：如果输入端 C1 或 C2 出现短路，则输出 2 脚电压会高于输入 3 脚电压，很容易击穿三端稳压器，所以反向并联一个二极管，对 1 脚电压进行泄放，使 2 脚到 3 脚电压限幅为 0.7V，可有效保护三端稳压器不被反向击穿。

加入 2kΩ 电阻与 LED 负载进行测试，如图 4-12 所示，用示波器监视正电压输出端 out3 与 out4，结果如图 4-13 所示。

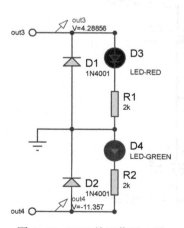

图 4-12　RV1 处于位置 1 时
　　　　 的输出测试

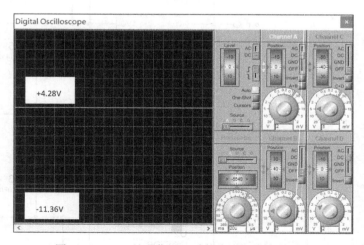

图 4-13　RV1 处于位置 1 时的稳压电路输出显示

可见，在正电源端通过调节 RV1，可使其 out3 端输出如图 4-13 所示的 +4.28V 电压，此时电压不足以驱动 LED 发光；而负电源端通过调节 RV2，可使其 out4 端输出 –11.36V 电压，该电压可使绿色 LED 发光。随后，调节 RV1 到达位置 2（35%），使其阻值增大，则其对应电源输出电压也会增大。此时输出电压为 +9.32V，负载红色 LED 点亮。RV1 处于位置 2 时的稳压电路空载仿真图如图 4-14 所示。

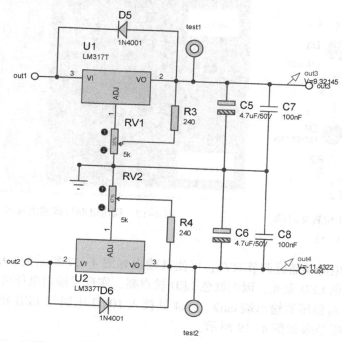

图 4-14　RV1 处于位置 2 时的稳压电路空载仿真图

用示波器监视正电压输出端 out3 与 out4，结果如图 4-15 所示。

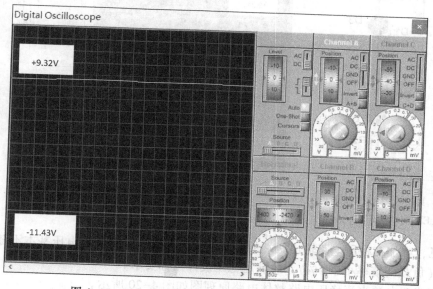

图 4-15　RV1 处于位置 2 时的稳压电路空载输出显示

在两个三端稳压器输出端 out3、out4 处接入 2kΩ 电阻与 LED 负载进行测试，如图 4-16 所示，结果如图 4-17 所示。

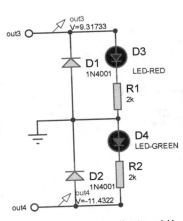

图 4-16　RV1 处于位置 2 时的
LED 测试（一）

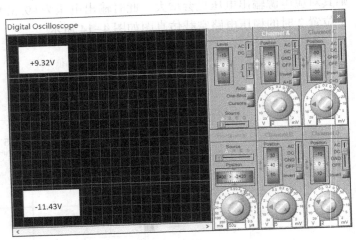

图 4-17　稳压电路负载输出显示（一）

可见，在正电源端通过调节 RV1，可使其输出如图 4-17 所示的 +9.32V 电压，此时电压足以驱动红色 LED 发光，因而红色 LED 被点亮，实现了输出电压可调。

若在两个三端稳压器输出端 out3、out4 处接入 10kΩ 电阻与 LED 负载进行测试，如图 4-18 所示，则结果如图 4-19 所示。

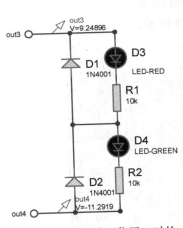

图 4-18　RV1 处于位置 2 时的
LED 测试（二）

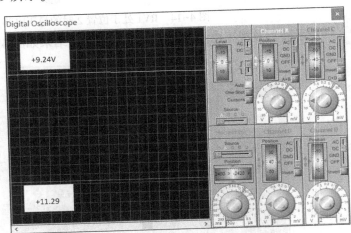

图 4-19　稳压电路负载输出显示（二）

可见，当加在稳压电路输出两端的负载发生改变时，电路输出电压基本不随负载变化而变化（负载调整率小于 1%），故满足稳压设计指标要求。

可调式双电源直流稳压电路整体电路原理图如图 4-20 所示。

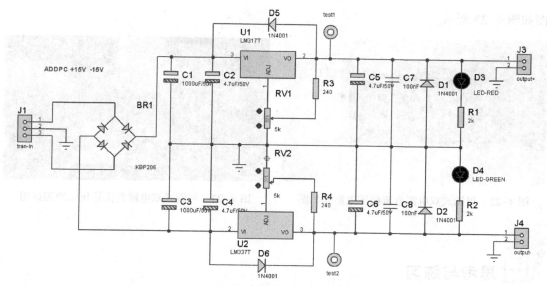

图 4-20 可调式双电源直流稳压电路整体电路原理图

经过对电路板进行实际测试，输出电压在 1.48～14.84V 之间可调，基本符合设计要求。

 PCB 版图

PCB 版图如图 4-21 所示。

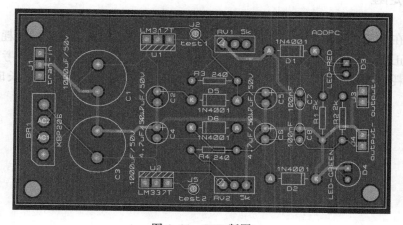

图 4-21 PCB 版图

 实物测试

可调式双电源直流稳压电路实物图如图 4-22 所示，可调式双电源直流稳压电路测试

31

图如图 4-23 所示。

图 4-22　可调式双电源直流稳压电路实物图　　图 4-23　可调式双电源直流稳压电路测试图

 思考与练习

在设计可调式直流稳压电路时，使用 LM317T、LM337T 有何优势？

答： LM317T、LM337T 是应用最为广泛的电源集成电路，它们不仅具有固定式三端稳压电路的最简单形式，而且具备输出电压可调的特点。此外，还具有调压范围宽、稳压性能好、噪声低、纹波抑制比高等优点。LM317T、LM337T 是可调式三端正/负电压稳压器，在输出电压范围为±(1.2~37) V 时能够提供超过 1.5A 的电流，易于使用。

 特别提醒

有时需在三端稳压器上安装散热器。一般半导体集成电路所能承受的消耗功率与器件尺寸大小成正比。不加散热器时 LM317T、LM337T 允许功耗约为 1.5W。若考虑输出短路的情况，功耗会增至 2.1W，为提高三端稳压器的承受能力，供电时间长时需使用散热器。

项目 5 固定式稳流电源电路设计

　　稳流电源是一种宽频谱、高精度的常用电源，具有响应速度快、恒流精度高、能长期稳定工作、适合各种性质负载（阻性、感性、容性）等优点。稳流电源一般用于检测热继电器、塑壳断路器、小型短路器及需要设定额定电流、动作电流、短路保护电流等生产场合。常用的简易稳流电源通常利用一个电压基准，在电阻上形成固定电流。本项目用数控技术实现了一个简单的固定式稳流电源电路，且输出值不随负载变化而变化。

　　本项目中恒流源的搭建可以扩展到所有能提供"电压基准"的器件上，其中的电压基准由 TL431 产生。其设计思路主要是令电路产生一个基准电压输入到运算放大器的输入端，通过负反馈作用，根据变压器输出端之间的关系，保持输出电流的恒定。

 ## 设计任务

　　设计一个简单的稳流电源电路，使其输出 1A 左右的恒定电流。

 ## 基本要求

　　不因负载（输出电压）变化而改变。

系统组成

　　固定式稳流电源电路系统主要分为以下两部分。

☺基准电压输出电路：产生恒流源需要利用一个电压基准，在电阻上形成固定电流，这里利用 TL431 产生基准电压。

☺恒流源产生电路：利用电压跟随器，产生恒定输出电压，稳定电压除以固定电阻产生恒定电流。

系统模块框图如图 5-1 所示。

图 5-1　系统模块框图

模块详解

1. 基准电压输出电路

基准电压 V_{REF}（2.5V）由 TL431 产生，所以当在 REF 端引入输出反馈时，器件可以通过从阴极到阳极很宽范围的分流，控制输出电压。这个基准电压由 R3 和 R6 分压后输出设置 out1 点电位，来调节恒流源所需输出电流。

基准电压输出电路仿真图如图 5-2 所示。基准电压输出端 out1 用示波器监视，仿真结果如图 5-3 所示。

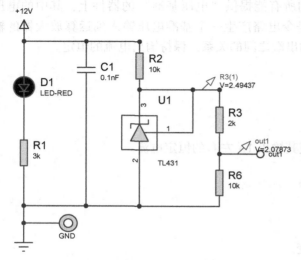

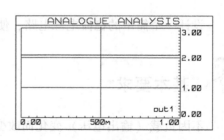

图 5-2　基准电压输出电路仿真图　　　　图 5-3　基准电压输出仿真结果

如图 5-2 所示，可以在基准电压输出电路输出端 out1 处得到稳定的直流基准电压，大小为 2.07V。

2. 恒流源产生电路

基准电压输出电路的输出端 out1 处输出稳定的 2.07V 基准电压至运算放大器的输入端。根据虚短关系，LM_in+ 端的电压与 FB 端电压相等，电压值为 2.07V。当场效应管导通时，电流 I_{out} 可以根据式（5-1）计算。

$$I_{out} = V_{REF} / R_4 \tag{5-1}$$

则输出电流可计算，大小为 1.04A。

恒流源产生电路空载仿真图如图 5-4 所示。

电路中场效应管选择 IRF840，IRF840 属于第三代 Power MOSFETs，特点是噪声低、输入阻抗高、开关时间短。典型应用为电子镇流器、电子变压器、开关电源等。

IRF840 是绝缘栅场效应管中的 N 沟道增强型。绝缘栅场效应管是利用半导体表面的电场效应进行工作的，由于它的栅极处于不导电（绝缘）状态，所以输入电阻大大提高，这为恒流源的输出精度打下了良好的基础。N 沟道增强型绝缘栅场效应管的工作条件是：只有当栅极电位低于漏极电位时，才趋于导通。恒流源产生电路空载输出波形如图 5-5 所示。

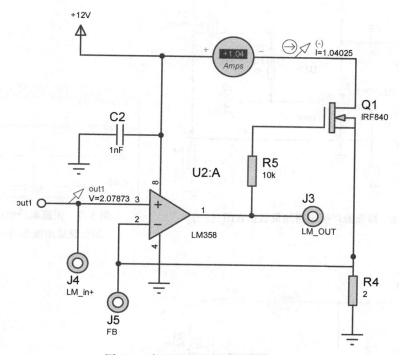

图 5-4　恒流源产生电路空载仿真图

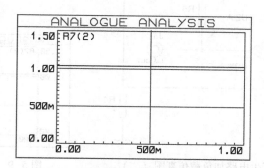

图 5-5　恒流源产生电路空载输出波形

在电路输出端加入 1Ω 负载进行测试，可以看到稳流电源的输出并不会因为加入负载而改变，其仿真图如图 5-6 所示。加入负载后，输出波形如图 5-7 所示。

在电路加入 1Ω 负载时，测试负载电流输出为 1.04A，与空载相同。之后，调整负载大小，将负载调整为 9Ω 电阻，其仿真图如图 5-8 所示。

如图 5-9 所示为输出波形，图中可见稳流电源电路输出值一直稳定在 1.04A，即电源此时具有较好的稳定性。

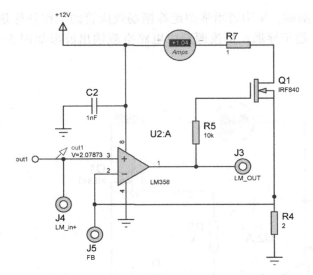

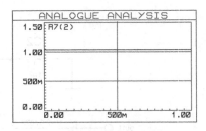

图 5-6　恒流源产生电路加负载仿真图（一）

图 5-7　恒流源产生电路
加负载输出波形（一）

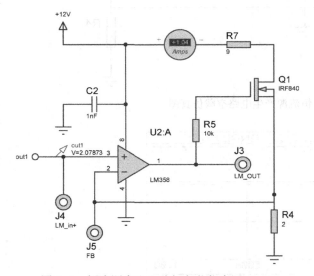

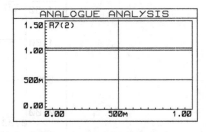

图 5-8　恒流源产生电路加负载仿真图（二）

图 5-9　恒流源产生电路
加负载输出波形（二）

 注意

　　设计中，只有当栅极电位低于漏极电位时，场效应管才趋于导通。所以当负载过大时，由于流过的电流为恒流，会导致栅极电压与漏极电位逐渐相等，最终场效应管截止，此时不会输出稳定恒流。

　　固定式稳流电源电路整体电路原理图如图 5-10 所示。

　　对电路板进行实际测试，电流输出为 0.94A，设计要求输出电流 1A，基本符合设

36

计要求。

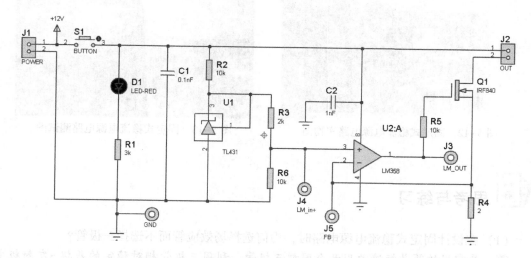

图 5-10　固定式稳流电源电路整体电路原理图

PCB 版图

PCB 版图如图 5-11 所示。

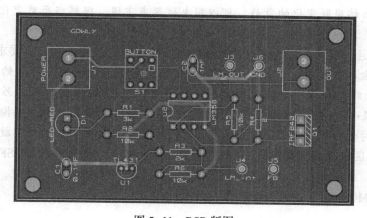

图 5-11　PCB 版图

实物测试

固定式稳流电源电路实物图如图 5-12 所示，固定式稳流电源电路测试图如图 5-13 所示。

图 5-12　固定式稳流电源电路实物图　　　　图 5-13　固定式稳流电源电路测试图

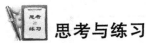
思考与练习

（1）在设计固定式稳流电源电路时，为何选择场效应管而不选择三极管？

答：最常用的简易恒流源用两个同型三极管，利用三极管相对稳定的基极-发射极电压作为基准。为了能够精确输出电流，通常使用一个运算放大器作为反馈，同时使用场效应管避免三极管的基极-发射极电流导致的误差。如果电流不需要特别精确，则其中的场效应管也可以用三极管代替。场效应管栅极不取电流，这样有助于提高恒流源的精度，用场效应管和大功率三极管复合，即运算放大器输出接场效应管栅极，场效应管漏极接三极管基极，是比较常用的方法。

（2）如何对稳流电源电路进行稳流的验证？

答：在输出端串联变化的负载，可以用电位器来实现。观察当负载变化时，负载两端电压是否跟随负载线性变化。

（3）在固定式稳流电源电路中对于输入级器件及输出级器件有什么要求？

答：因为输入级需要恒压源，所以可以采用具有电压饱和伏安特性的器件作为输入级。一般的 PN 结二极管就具有这种特性——指数式上升的伏安特性；另外，把增强型 MOSFET 的源极-漏极短接所构成的二极管，也具有类似的伏安特性——抛物线式上升的伏安特性。而对于输出级器件，如果采用 BJT，为了使其输出电阻增大，就需要设法减小 Early 效应（基区宽度调制效应），即尽量提高 Early 电压；如果采用 MOSFET，为了使其输出电阻增大，就需要设法减小其沟道长度影响下的调制效应和衬偏效应。因此，这里一般选用长沟道 MOSFET，而不用短沟道器件。

项目6　可调式稳流电源电路设计

在工程应用中，仅使用固定式稳流电源电路是远远不能满足需求的。本项目中的可调式稳流电源电路在之前固定式稳流电源电路的基础上进行改进，在保留了其精确、易实现、成本低等优势的前提下，可通过电位器来调节基准电压值的大小，从而实现稳流电源的可调功能，有较大的实用意义与学习价值。

 设计任务

设计一个简单的稳流电源电路，使其输出在 0.8~48mA 之间可调。

 基本要求

不因负载（输出电压）变化而改变。

系统组成

可调式稳流电源电路系统主要分为以下两部分。

☺ 基准电压输出电路：产生恒流源需要利用一个电压基准，在电阻上形成一定电流，这里利用 TL431 产生基准电压。

☺ 恒流源产生电路：利用电压跟随器，产生恒定输出电压，稳定电压除以电位器阻值产生可调电流。

系统模块框图如图6-1所示。

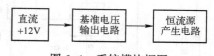

图6-1　系统模块框图

 模块详解

1. 基准电压输出电路

基准电压 V_{REF}（2.5V）由 TL431 产生，所以当在 REF 端引入输出反馈时，器件可以通过从阴极到阳极很宽范围的分流，控制输出电压。这个基准电压由 R3 和 RV1 分压后输出设置 out1 点电位，来调节恒流源所需输出电流。

选取 RV1 的阻值为 2kΩ 并调整至位置 1（50%）处，基准电压输出电路仿真图如图 6-2 所示。

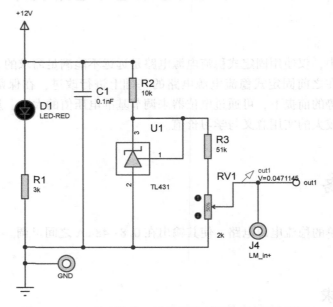

图 6-2 RV1 处于位置 1 时的基准电压输出电路仿真图

基准电压输出端 out1 用示波器监视，仿真结果如图 6-3 所示。

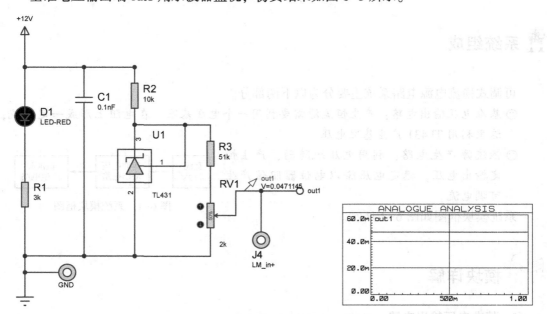

图 6-3 RV1 处于位置 1 时的基准电压输出波形

如图 6-2 所示，当 RV1 处于位置 1 时，可以在基准电压输出电路输出端 out1 处得到稳定的直流基准电压，大小为 47.1mV。该输出信号由 TL431 输出的 2.5V 经 R3 与 RV1 分压后得到。

2. 恒流源产生电路

基准电压输出电路的输出端 out1 处输出稳定的 47.1mV 基准电压至运算放大器的输入端。根据虚短关系，LM_in+端的电压与 FB 端电压相等，电压值为 47.1mV。当场效应管导通时，电流 I_{out} 可以根据式（6-1）计算。

$$I_{out} = V_{REF} / R_4 \qquad (6-1)$$

则输出电流可计算，大小为 24.4mA。

恒流源产生电路空载仿真图如图 6-4 所示。

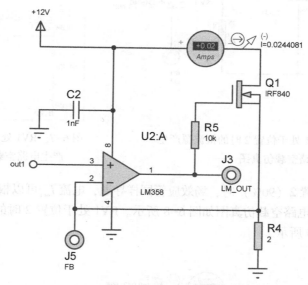

图 6-4　RV1 处于位置 1 时的恒流源产生电路空载仿真图

电路中场效应管选择 IRF840，特点是噪声低、输入阻抗高、开关时间短。典型应用为电子镇流器、电子变压器、开关电源等。

IRF840 是绝缘栅场效应管中的 N 沟道增强型。绝缘栅场效应管是利用半导体表面的电场效应进行工作的，由于它的栅极处于不导电（绝缘）状态，所以输入电阻大大提高，这为恒流源的输出精度打下了良好的基础。N 沟道增强型绝缘栅场效应管的工作条件是：只有当栅极电位低于漏极电位时，才趋于导通。电路空载输出波形如图 6-5 所示。

如图 6-5 所示，当 RV1 处于位置 1（50%）时，电路空载输出大小为 24.4mA 的直流电流。将基准电压输出电路中 RV1 调整到位置 2（90%），改变了 R3 与 RV1 的分压比例，此时

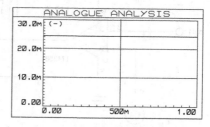

图 6-5　RV1 处于位置 1 时的恒流源产生电路空载输出波形

41

out1 端当前输出达到 84.8mV 直流电压，如图 6-6 所示。

RV1 处于位置 2 时恒流源产生电路空载输出波形如图 6-7 所示。

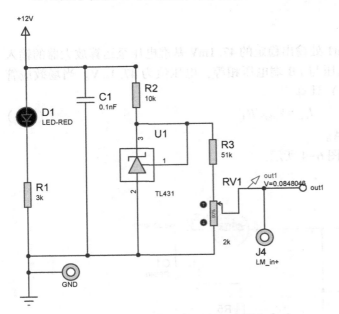

图 6-6　RV1 处于位置 2 时的恒流源产生
电路空载仿真图（一）

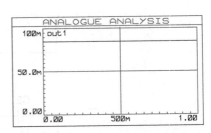

图 6-7　RV1 处于位置 2 时的恒流源
产生电路空载输出波形（一）

在 RV1 处于位置 2（90%）时，场效应管同样导通，电流 I_{out} 可以根据式（6-1）计算，其大小为 43.2mA，电路空载仿真图如图 6-8 所示。RV1 处于位置 2 时的恒流源产生电路空载输出波形如图 6-9 所示。

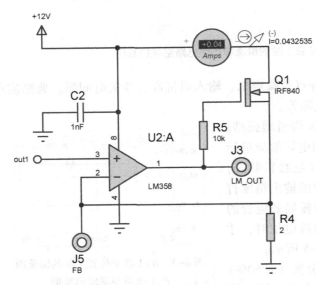

图 6-8　RV1 处于位置 2 时的恒流源产生
电路空载仿真图（二）

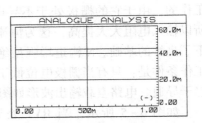

图 6-9　RV1 处于位置 2 时的恒流源
产生电路空载输出波形（二）

42

图 6-8 所示为恒流源产生电路空载仿真图，当前电流输出值为 43.2mA。在恒流输出端加入 50Ω 负载，测试电路加入负载是否能够正常工作。从图 6-10 所示的仿真结果可以看出稳流电源的输出并不会因为加入负载而改变。

　　加入 50Ω 负载后，恒流源产生电路加负载输出波形如图 6-11 所示。

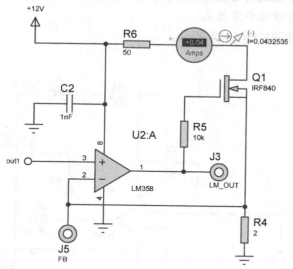
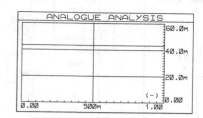

图 6-10　恒流源产生电路加负载仿真图（一）

图 6-11　恒流源产生电路
加负载输出波形（一）

　　如图 6-11 所示，在电路加入 50Ω 负载时，测试负载电流输出为 43.2mA，与空载时电路输出相同。再次调整负载大小，将负载调整为 200Ω 电阻，仿真结果如图 6-12 所示。

　　用图表显示当前恒流输出波形，如图 6-13 所示，可见稳流电源电路输出值一直稳定在 43.2mA，即电源此时具有较好的稳定性。

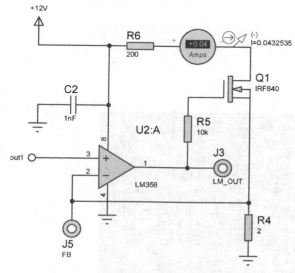
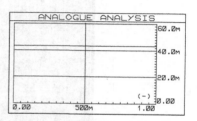

图 6-12　恒流源产生电路加负载仿真图（二）

图 6-13　恒流源产生电路
加负载输出波形（二）

注意

同之前固定式稳流电源电路的设计类似，只有当栅极电位低于漏极电位时，场效应管才趋于导通。所以当负载过大时，由于流过的电流为恒流，会导致栅极电压与漏极电位逐渐相等，最终场效应管截止，此时不会输出稳定恒流。

可调式稳流电源电路整体电路原理图如图 6-14 所示。

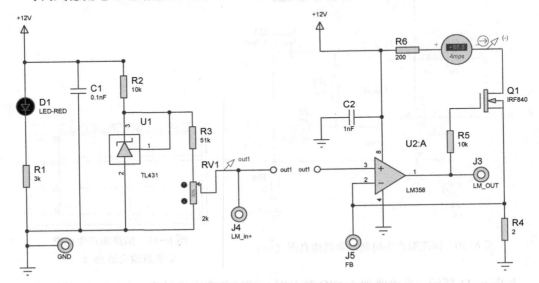

图 6-14　可调式稳流电源电路整体电路原理图

对电路板进行实际测试，调节电位器，测试电流输出为 0.79~49.3mA，设计要求输出电流为 0.8~48mA，实测基本符合设计要求。

PCB 版图

PCB 版图如图 6-15 所示。

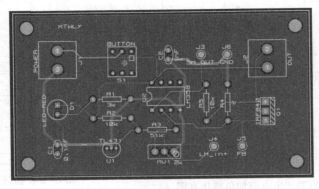

图 6-15　PCB 版图

可调式稳流电源电路实物图如图 6-16 所示，可调式稳流电源电路测试图如图 6-17 所示。

图 6-16 可调式稳流电源电路实物图

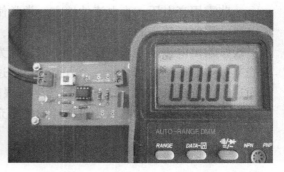

图 6-17 可调式稳流电源电路测试图

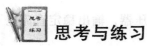 思考与练习

（1）在设计可调式稳流电源电路时，为何选择场效应管而不选择三极管？

答：为了能够精确输出电流，通常使用场效应管来避免使用三极管时基极-发射极电流导致的输出电流误差。场效应管栅极不取电流，这样有助于提高恒流源的精度。

（2）如何对稳流电源电路进行稳流的验证？

答：为了对稳流电源电路进行验证，可在电路输出端串联阻值不同的电阻作为负载。观察当负载变化时，负载上通过的电流是否不变。若电流保持不变，则说明该电流源为稳流电源。

项目 7　固定式倍压器直流稳压电源电路设计

一些需用高电压、小电流的地方，常常使用倍压整流电路。倍压整流可以把较低的交流电压，用耐压较高的整流二极管和电容器，"整"出一个较高的直流电压。倍压整流电路一般按输出电压是输入电压的多少倍，分为二倍压、三倍压与多倍压整流电路。本项目首先通过多谐振荡电路输出一个方波，再通过倍压整流电路将输出的电压进行二倍放大，从而达到系统要求。将 NE555 电路产生的振荡脉冲通过二极管整流电路整流后向电容充电，使电容充电至电源电压，将这样的整流充电电路逐级连接，就可以得到二倍、四倍甚至多倍于电源电压的升压电路。

 设计任务

设计一个简单的直流稳压电源，将直流电压+12V 经过二倍倍压器，输出稳定直流电压+24V。

 基本要求

☺ 能够输出稳定的+24V 直流电压。
☺ 使输出电源电压为输入的 2 倍。

🛡 **系统组成**

固定式倍压器直流稳压电源电路系统主要分为以下两部分。
☺ 多谐振荡电路：利用 NE555 定时器连接成一个多谐振荡器，振荡频率为 2kHz。
☺ 倍压整流电路：将较低的电压通过电容的储能作用输出一个较高的电压。
系统模块框图如图 7-1 所示。

图 7-1　系统模块框图

 **模块详解**

1. 多谐振荡电路

为了起到倍压效果，需要通过多谐振荡电路令输入的直流电压转换为交流输出。本项目使用的核心器件是 NE555 定时器。

由 NE555 定时器组成的多谐振荡电路如图 7-2 所示。其中 R1、R2、C1 为外接元件。根据 NE555 定时器的工作原理可知，电容 C1 充电时，定时器输出高电平；电容 C1 放电时，定时器输出低电平。电容不断地进行充放电，输出端便获得规律的矩形方波。振荡频率取决于 R_1、R_2 和 C_1。多谐振荡器无外部信号输入，便可输出交流电压。

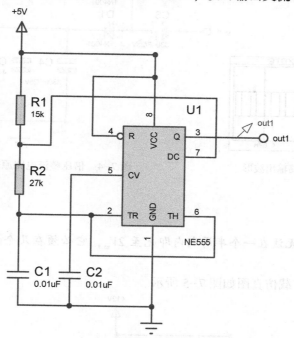

图 7-2　由 NE555 定时器组成的多谐振荡电路

在图 7-2 中，电阻 R1、R2 和电容 C1 构成定时电路。定时电容 C1 上的电压 U_C 作为高触发端 TH（6 脚）和低触发端 TR（2 脚）的外触发电压。放电端 DC（7 脚）接在 R1 和 R2 之间。电压控制端 CV（5 脚）不外接控制电压而接入高频干扰旁路电容 C2（0.01μF）。直接复位端 R（4 脚）接高电平，使 NE555 处于非复位状态。

多谐振荡器的放电时间常数如下。

正向脉冲宽度 t_{PH} 为

$$t_{PH} \approx 0.693(R_1+R_2)C_1 \tag{7-1}$$

负向脉冲宽度 t_{PL} 为

$$t_{PL} \approx 0.693R_2C_1 \tag{7-2}$$

而输出信号的振荡周期 T 可由式（7-3）得出，有

$$T=t_{PH}+t_{PL} \tag{7-3}$$

由式（7-3）可知，输出信号振荡周期 T 为 0.5ms，即输出频率为 2kHz。

多谐振荡电路输出端 out1 用示波器监视，输出波形如图 7-3 所示。

2. 倍压整流电路

如图 7-4 所示，当 NE555 输出电压处于负半周期时，D2 导通，D1 截止，C3 充电，C3 电压最大值记为 V_m；当 NE555 输出电压处于正半周期时，D1 导通，D2 截止，C4 充电。由于电荷的储存作用，可以使 C4 电压变为 NE555 输出电压的 2 倍，从而达到要求。

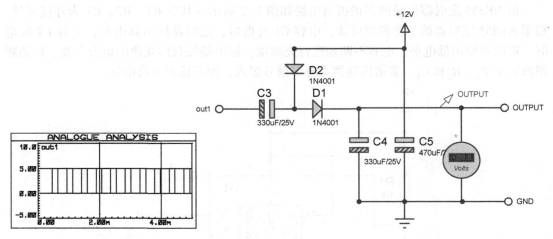

图 7-3　多谐振荡电路输出波形　　　　　　图 7-4　倍压整流电路原理图

注意

其实 C2 的电压无法在一个半周期内即充至 $2V_m$，它必须在几个周期后才可逐渐趋近于 $2V_m$。

倍压整流电路空载仿真图如图 7-5 所示。

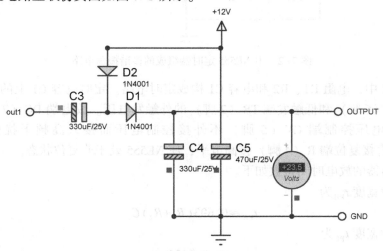

图 7-5　倍压整流电路空载仿真图

48

倍压整流电路输出 OUTPUT 用示波器监视，输出波形如图 7-6 所示。

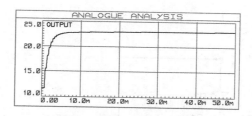

图 7-6　倍压整流电路空载输出波形

由图 7-5 可以看出，倍压整流电路可在 12V 供电条件下输出 +23.5V 直流电压。若在电路输出端 OUTPUT 处接入 200kΩ 负载进行测试，则仿真结果如图 7-7 所示。

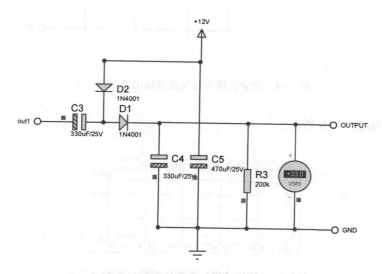

图 7-7　固定式倍压器加负载输出测试（一）

输出端 OUTPUT 输出波形如图 7-8 所示。

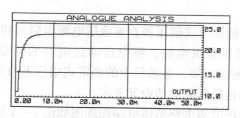

图 7-8　固定式倍压器加负载输出波形（一）

在电源输出端添加 200kΩ 负载后，电源输出为 +23.0V，与空载输出 +23.5V 电压十分相近，满足设计指标要求。

49

若在电路输出端 OUTPUT 处接入 1000kΩ 负载进行测试，则仿真结果如图 7-9 所示。

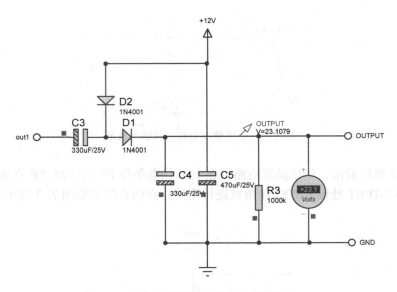

图 7-9　固定式倍压器加负载输出测试（二）

输出波形如图 7-10 所示。

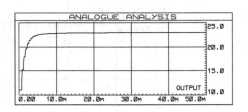

图 7-10　固定式倍压器加负载输出波形（二）

　　对电源输出端添加 1000kΩ 负载后，电源输出为 +23.1V，与之前的空载与加 200kΩ 负载进行测试时的结果几乎相等，故本项目中固定式倍压器直流电源为稳压电源。

　　综上所述，本项目中的固定式倍压器直流稳压电源电路可将直流电压 +12V 经过多谐振荡电路输出，再通过倍压整流电路，将电压通过电容的储能作用输出至设计要求的 +24V 电压。由调节负载测试可知，本项目中的固定式倍压器直流稳压电源电路的输出不随负载的变化而变化，满足稳压电源的设计要求。

　　固定式倍压器直流稳压电源电路整体电路原理图如图 7-11 所示。

　　经过对电路板进行实测，输入 +12V 直流稳压源，得到的输出为 +23.40V。设计要求输入 +12V 电压经 2 倍倍压器输出 +24V，实测基本符合设计要求。

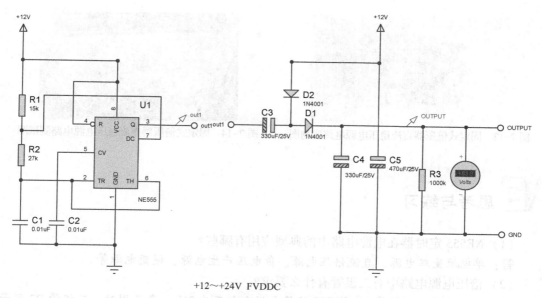

图 7-11　固定式倍压器直流稳压电源电路整体电路原理图

 **PCB 版图**

PCB 版图如图 7-12 所示。

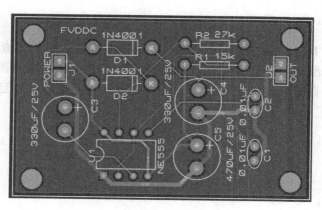

图 7-12　PCB 版图

 **实物测试**

固定式倍压器直流稳压电源电路实物图如图 7-13 所示，固定式倍压器直流稳压电源电路测试图如图 7-14 所示。

图 7-13　固定式倍压器直流稳压电源电路实物图　　图 7-14　固定式倍压器直流稳压电源电路测试图

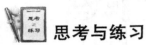 **思考与练习**

（1）NE555 定时器在电源电路中的典型应用有哪些？

答：单电源变双电源、直流倍压电源、负电压产生电源、逆变电源等。

（2）倍压电源电路中对二极管有什么要求？

答：正半周时，二极管 D1 所承受的最大逆向电压为 $2V_m$；负半周时，二极管 D2 所承受的最大逆向电压也为 $2V_m$，所以电路中应选择 PIV（反向峰值电压）$>2V_m$ 的二极管。

（3）倍压器中进行电容选取时可以得到什么结论？

答：倍压电路中电容的取值可以不同，可以通过减小某些对输出影响不大的电容来达到节约成本、减小电路体积的目的，要使其能通过参数组合达到良好的倍压效果。

 特别提醒

故障分析：当 D1 和 D2 中有一个开路时，都不能得到 2 倍的直流电压；当 D2 短路时，这一整流电路没有直流电压输出；当 C3 开路时整流电路没有直流电压输出，当 C3 漏电时整流电路的直流输出将下降，当 C3 击穿时这一整流电路只相当于半波整流电路，没有倍压整流功能。

项目8 逆变式直流稳压电源电路设计

逆变器是把直流电能（电池、蓄电瓶）转变成交流电（一般为 220V、50Hz 正弦波）。它由逆变桥、控制逻辑和滤波电路组成，广泛适用于空调、家庭影院、电动砂轮、电动工具、缝纫机、DVD、VCD、计算机、电视机、洗衣机、抽油烟机、冰箱、录像机、按摩器、风扇、照明灯具等。在国外因汽车的普及率较高，外出工作或外出旅游即可用逆变器连接蓄电池带动电器及各种工具工作。逆变式直流稳压电源是利用逆变振荡的原理，将直流电压信号进行振荡产生交流信号，再将交流信号进行整流转换为想要的负电压直流信号作为输出，可以提供微处理器所用的某些接口器件和数模转换需要的负输出电压。

 设计任务

设计一个简单的直流稳压电源，将 +12V 转变为 -10V 直流稳压电源，并保持电源输出不变。

 基本要求

☺ 能够提供稳定的 -10V 直流电压。
☺ 由输入的 +12V 转变为 -10V。

系统组成

逆变式直流稳压电源电路系统主要分为以下两部分。
☺ 脉冲振荡电路：利用 NE555 定时器将 +12V 的直流稳定电压进行振荡，得到连续变化的振荡脉冲波形。
☺ 整流电路：对振荡电路的脉冲进行整流稳压，并对电压进行极性转换，从而输出可调的负电压。
系统模块框图如图 8-1 所示。

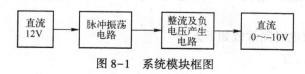

图 8-1　系统模块框图

模块详解

1. 脉冲振荡电路

在脉冲振荡电路模块中，需要利用 NE555 定时器将直流电压输入转换为交流电压输出。脉冲振荡电路原理图如图 8-2 所示。其中 R1、R2、C3 为外接元件。根据 NE555 定时器的工作原理可知，电容 C3 充电时，定时器输出高电平；电容 C3 放电时，定时器输出低电平。电容不断地进行充放电，输出端便获得规律的矩形方波。振荡频率取决于 R_1、R_2 和 C_3。脉冲振荡电路无外部信号输入，便可输出矩形波，即实现将直流电压变换为交流电压，也就是逆变的形式。

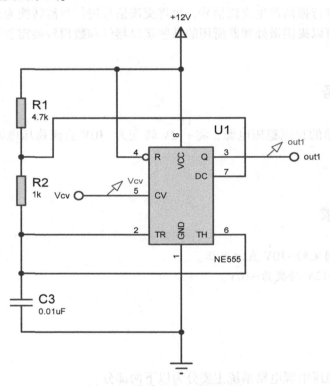

图 8-2　脉冲振荡电路原理图

图 8-2 中电阻 R1、R2 和电容 C3 构成定时电路。定时电容 C3 上的电压 U_C 作为高触发端 TH（6 脚）和低触发端 TR（2 脚）的外触发电压。放电端 DC（7 脚）接在 R1 和 R2 之间。电压控制端 CV（5 脚）外接控制电压 V_{cv}。直接复位端 R（4 脚）接高电平，使 NE555 处于非复位状态。V_{cv} 由 12V 供电电压分压得到，大小为 50mV，波形如图 8-3 所示。

多谐振荡器的放电时间常数如下。

正向脉冲宽度 t_{PH} 为

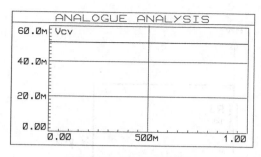

图 8-3　控制电压波形

$$t_{\text{PH}} \approx 0.693(R_1+R_2)C_3 \tag{8-1}$$

负向脉冲宽度 t_{PL} 为

$$t_{\text{PL}} \approx 0.693 R_2 C_3 \tag{8-2}$$

而输出信号的振荡周期 T 可由式（8-3）得出，有

$$T = t_{\text{PH}} + t_{\text{PL}} \tag{8-3}$$

由式（8-3）可知，输出信号振荡周期 T 为 25μs，频率为 40kHz。

脉冲振荡电路输出端 out1 输出波形如图 8-4 所示。

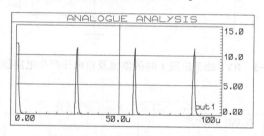

图 8-4　脉冲振荡电路输出波形

2. 整流及负电压产生电路

采用 NE555 定时器进行振荡后，选择适当的整流电路对振荡器的输出进行整流。输出晶体管交替地把负载连接到正电源和地端，从而对输出信号进行整流，能够利用电位器进行调压。

如图 8-5 所示，整流及负电压产生电路包括二极管 D1 和 D2、电容 C1 和 C2。当振荡器的输出电压 out1 为高电平时，二极管 D1 导通，out1 通过 D1 对电容 C1 进行充电，充满电后，C1 两端的电压等于+12V；当振荡器的输出电压 out1 为低电平时，二极管 D2 导通，此时 C1 两端的电压通过 D2 对 C2 进行充电，这样在 C2 两端获得的便是上负下正的负电压，该电压与 C1 两端的电压相等且方向相反，故整流电路输出为-12V。

选取 RV1 的阻值为 20kΩ，调整其至位置 1（50%），整流及负电压产生电路仿真图如图 8-5 所示。

其中电位器 RV1 调整端与三极管 2N2219 基极相连，控制 Q1 导通与断开，从而改变输出端电位。12V 电压经过 RV1 产生压降，在输出端与整流电路输出的-12V 叠加，从而最终输出-10V 电压。电路输出端 OUTPUT 波形以图表显示，如图 8-6 所示。

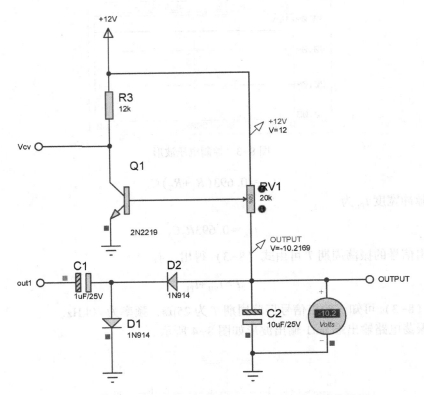

图 8-5　RV1 处于位置 1 时的整流及负电压产生电路仿真图

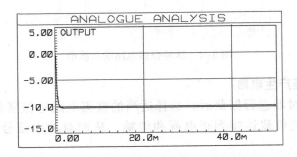

图 8-6　RV1 处于位置 1 时的整流及负电压产生电路输出波形

调节 RV1 至位置 2（70%），此时整流及负电压产生电路仿真图如图 8-7 所示。

电路输出端 OUTPUT 波形以图表显示，如图 8-8 所示。

如图 8-7 所示，本设计利用电位器 RV1 将输出电压调节为-9.21V，实现了输出电压可调功能，并且电路输出端 OUTPUT 始终保持输出稳定直流电压。

将 RV1 置于位置 1（50%），在电路输出端 OUTPUT 处接入 50kΩ 负载进行测试，其仿真结果如图 8-9 所示。

输出端 OUTPUT 输出波形如图 8-10 所示。

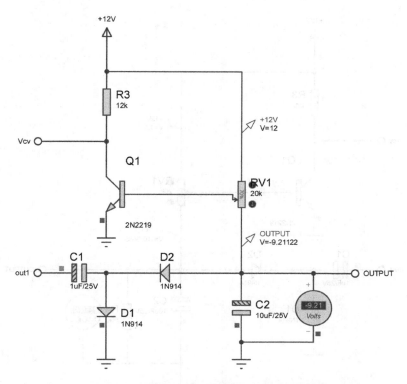

图 8-7　RV1 处于位置 2 时的整流及负电压产生电路仿真图

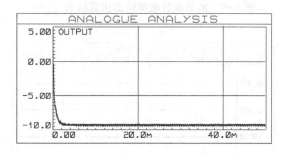

图 8-8　RV1 处于位置 2 时的整流
及负电压产生电路输出波形

　　在电源输出端添加 50kΩ 负载后，电源输出为-10.1V，与空载输出-10.2V 电压十分相近，满足设计指标要求。若在电路输出端 OUTPUT 处接入 100kΩ 负载进行测试，则仿真结果如图 8-11 所示。

　　用图表显示加负载的电源输出波形，如图 8-12 所示。

　　对电源输出端添加 100kΩ 负载后，电源输出为-10.1V，与之前的空载与加 50kΩ 负载进行测试的结果几乎相同，故本项目中固定式倍压器直流电源为稳压电源。

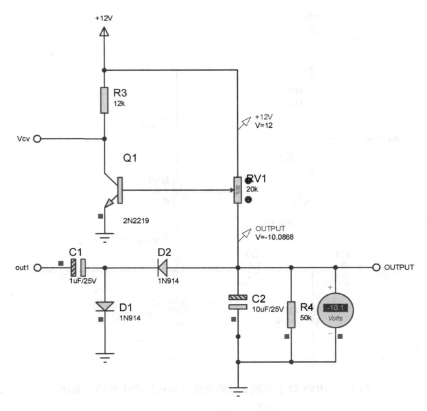

图 8-9 加负载后电源输出仿真结果（一）

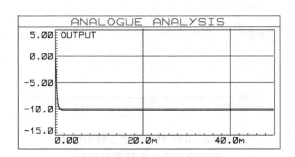

图 8-10 加负载后电源输出波形（一）

综上所述，本项目设计的逆变式直流稳压电源电路通过 NE555 定时器电路，将+12V 的直流供电转变为矩形波，再将其通过电容的储能作用输出。12V 的输入电压又经过 RV1 产生压降，在输出端与整流电路输出的-12V 叠加，从而最终输出-10V 电压。

逆变式直流稳压电源电路整体电路原理图如图 8-13 所示。

经过对电路板进行实测，输出端电压测得为-9.89V。设计要求输入+12V 直流电源，输出-10V 电压，实测基本符合设计要求。

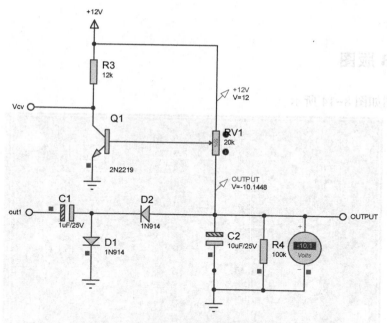

图 8-11　加负载后电源输出仿真结果（二）

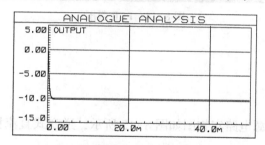

图 8-12　加负载后电源输出波形（二）

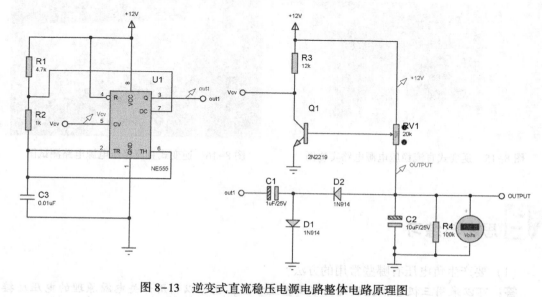

图 8-13　逆变式直流稳压电源电路整体电路原理图

 **PCB 版图**

PCB 版图如图 8-14 所示。

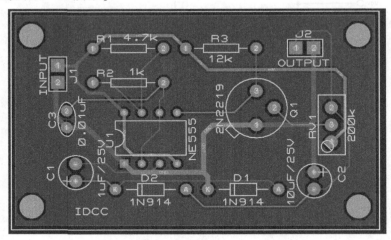

图 8-14　PCB 版图

 实物测试

逆变式直流稳压电源电路实物图如图 8-15 所示，逆变式直流稳压电源电路测试图如图 8-16 所示。

图 8-15　逆变式直流稳压电源电路实物图

图 8-16　逆变式直流稳压电源电路测试图

 思考与练习

（1）要产生负电压有哪些常用的方法？

答：可以采用三极管推挽放大的倍压整流方法，也可以利用开关电源原理的电压反接

60

原理及利用 NE555 定时器逆变式转换的方法。

（2）常见 DC/DC 电源电路有哪些？

答：DC/DC 电源电路又称 DC/DC 转换电路，其主要功能就是进行输入、输出电压转换。一般把输入电源电压在 72V 以内的电压变换过程称为 DC/DC 转换。常见的电源主要分为车载与通信系列和通用工业与消费系列，前者使用的电压一般为 48V、36V、24V 等，后者使用的电压一般在 24V 以下。不同应用领域规律不同，如 PC 中常用的是 12V、5V、3.3V，模拟电路常用 5V、15V，数字电路常用 3.3V 等。DC/DC 转换电路主要分为三大类：稳压管稳压电路、线性（模拟）稳压电路、开关型稳压电路。

 特别提醒

测试过程中首先要观察经过振荡后的信号是否为满足要求频率的方波信号。

项目9　升压式 DC/DC 电源电路设计

　　自举电路也叫升压电路，利用自举升压二极管、自举升压电容等电子元件，使电容放电电压和电源电压叠加，从而使电压升高。有的电路升高的电压能达到数倍电源电压。升压过程就是一个电感的能量传递过程。充电时，电感吸收能量；放电时，电感释放能量。如果电容量足够大，那么在输出端就可以在放电过程中保持一个持续的电流。如果这个通断的过程不断重复，就可以在电容两端得到高于输入电压的电压。

　　本项目采用 MC34063 直流升压模块使整个电路输出 12V 直流电压，利用设置外围电路的电阻阻值来确定输出电压。

设计任务

　　设计一个升压 DC/DC 电路，在输入电压为 5V 的情况下，采用 MC34063 使得输出电压升压为稳定直流 12V。

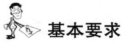

基本要求

☺ 电路采用直流（DC）5V 供电。
☺ 使用 MC34063 模块进行稳压并升压。

系统组成

　　升压式 DC/DC 电源电路系统主要分为以下两部分。
☺ 直流电压源：直流电压源为整个电路提供 5V 的稳定电压。
☺ 升压电路：利用 MC34063 集成电路对输入电压进行升压。
系统模块框图如图 9-1 所示。

图 9-1　系统模块框图

 **模块详解**

1. 直流电压源

MC34063 模块使用 5V 直流电压供电，可为该模块驱动管集电极、IPK 检测提供输入。如图 9-2 所示，电压源 +5V 作为输入接到 MC34063 模块的 7、8 脚以保证模块正常工作。此外，该电路还需提供直流 +5V 电压为电感储能模块供电，如图 9-3 所示。

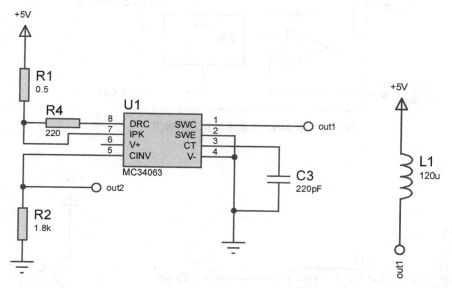

图 9-2　MC34063 模块 +5V 供电　　　　图 9-3　电感储能 +5V 供电

2. 升压电路

该器件本身包含了 DC/DC 转换器所需要的主要功能的单片控制电路，且价格便宜。它由具有温度自动补偿功能的基准电压发生器、比较器、占空比可控的振荡器、R-S 触发器和大电流输出开关电路等组成。该器件可用于升压变换器、降压变换器的控制核心，由它构成的 DC/DC 转换器仅用少量的外部元件。它主要应用于以微处理器（MPU）或单片机（MCU）为基础的系统里。MC34063 的基本结构及引脚图如图 9-4 所示。

其输入电压范围为 3.0~40V；输出电压可调范围为 1.25~40V；输出电流为 1.5A；工作频率最高可达 100kHz。MC34063 的 3 脚为定时电容 C3 接线端，调节 C_3 可使工作频率在 100Hz~100kHz 范围内变化，决定其内部工作频率。

MC34063 外围电路仿真图如图 9-5 所示。

63

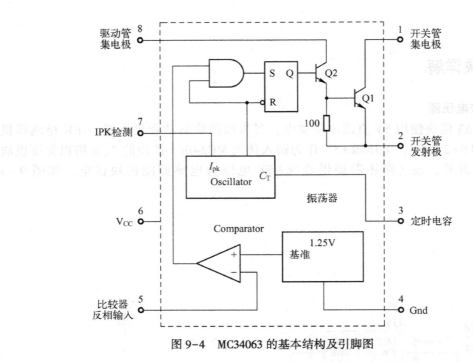

图 9-4 MC34063 的基本结构及引脚图

图 9-5 MC34063 外围电路仿真图

当 MC34063 内部开关管导通时，相当于器件 1、2 脚导通，所以电感处于充电状态；当内部开关管关闭时，相当于器件 1、2 脚断开，此时 +5V 电源与电感一同作用，成为 out1 端输出。out1 端输出波形如图 9-6 所示。

电感在释放能量期间，由于其两端的电动势极性与电源极性相同，相当于两个电源串联，因而负载上得到的电压高于电源电压。out2 端输出波形如图 9-7 所示。

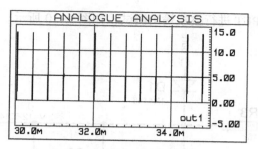

图 9-6　out1 端输出波形

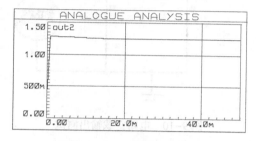

图 9-7　out2 端输出波形

当芯片内开关管（D1）导通时，电源经取样电阻 R1、电感 L1、MC34063 的 1 脚和 2 脚接地，此时电感 L1 开始存储能量（见图 9-8），而由 C1 对负载提供能量。当 D1 断开时，电源和电感同时给负载和电容 C1 提供能量。电感在释放能量期间，由于其两端的电动势极性与电源极性相同，相当于两个电源串联，因而在负载上得到的电压高于电源电压。开关管导通与关断的频率称为芯片的工作频率。只要此频率相对负载的时间常数足够高，负载上便可以获得连续的直流电压。电路输出模块如图 9-9 所示。

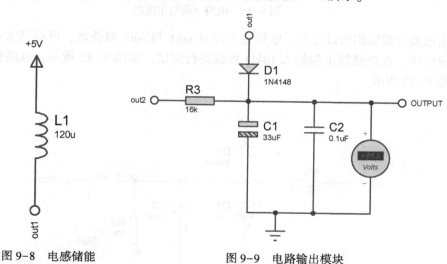

图 9-8　电感储能　　　　　　　　　　图 9-9　电路输出模块

R_2、R_3 决定输出电压，OUTPUT 端输出电压值可根据式（9-1）计算。

$$V_0 = 1.25(1 + R_3/R_2)$$ 　　　　　　（9-1）

根据 $R_3 = 16\text{k}\Omega$、$R_2 = 1.8\text{k}\Omega$ 可计算得出 $V_0 \approx 12.4\text{V}$。

在电路输出端 OUTPUT 进行空载输出测试，如图 9-10 所示。

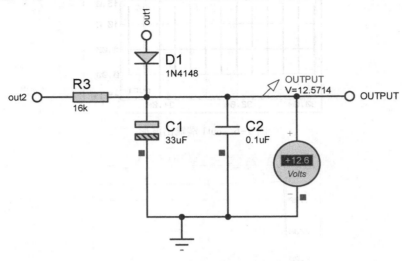

图 9-10　电路空载输出测试

电路空载输出波形如图 9-11 所示。

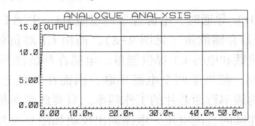

图 9-11　电路空载输出波形

由电路空载输出测试可知，电路输出经过 out1 与 out2 端叠加，可得到大小为 12.6V 的直流电压。在电路输出端加入 10kΩ 负载进行测试，如图 9-12 所示，电路负载输出波形如图 9-13 所示。

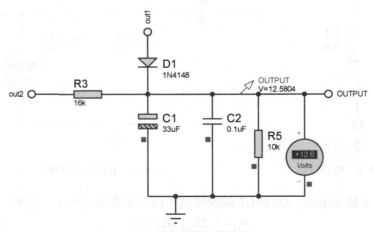

图 9-12　电路负载输出仿真图（一）

66

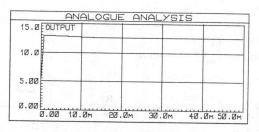

图 9-13　电路负载输出波形（一）

如图 9-12 所示，在电路输出 OUTPUT 端加入 10kΩ 负载后，电路输出仍为 +12.6V 的直流电压。随后在电路输出端加入 100kΩ 负载进行测试，如图 9-14 所示，电路负载输出波形如图 9-15 所示。

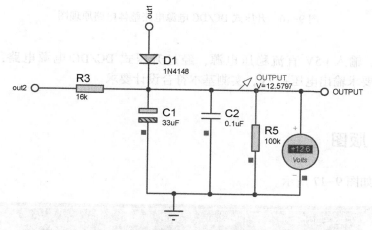

图 9-14　电路负载输出仿真图（二）

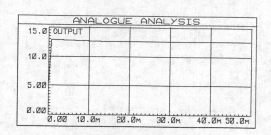

图 9-15　电路负载输出波形（二）

本升压电路分别在几种情况下保持输出稳定的直流电压，大小均为 +12.6V。由此可见，本电路为直流稳压电路。

综上所述，电路使用 5V 供电，利用 MC34063 进行升压，最终可输出直流 +12.6V 电压，达到了设计要求。此外，在电源两端加入不同负载，电路输出不随负载的变化而改变。

升压式 DC/DC 电源电路整体电路原理图如图 9-16 所示。

67

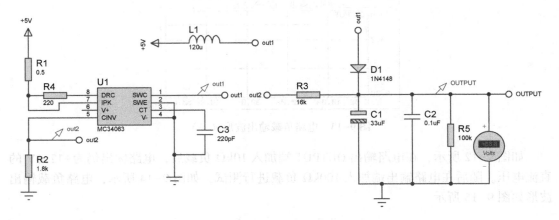

图9-16　升压式 DC/DC 电源电路整体电路原理图

经过测试，输入 +5V 直流稳压电源，经过升压式 DC/DC 电源电路，输出电压为 +12.6V。设计要求输出电压 +12V，实测基本符合设计要求。

PCB 版图

PCB 版图如图 9-17 所示。

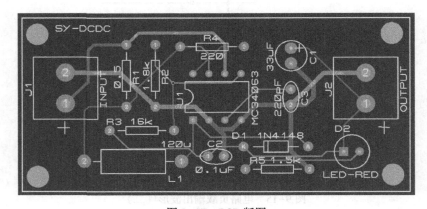

图9-17　PCB 版图

实物测试

升压式 DC/DC 电源电路实物图如图 9-18 所示，升压式 DC/DC 电源电路测试图如图 9-19 所示。

图 9-18　升压式 DC/DC 电源电路实物图　　　　图 9-19　升压式 DC/DC 电源电路测试图

 思考与练习

（1）什么是 DC/DC 转换器？一般用于何种场合？

答： 直流升压就是将电池提供的较低的直流电压提升到需要的电压值，其基本的工作过程是：高频振荡产生低压脉冲—脉冲变压器升压到预定电压值—脉冲整流获得高压直流电，因此直流升压属于 DC/DC 电源电路的一种类型。在使用电池供电的便携设备中，都是通过直流升压电路获得电路中所需要的高电压，这些设备包括手机、传呼机等无线通信设备，以及照相机中的闪光灯、便携式视频显示装置、电蚊拍等。

（2）升压电路可以通过什么方法来实现？

答： 可以利用 NE555 定时器产生脉冲振荡从而实现 DC/DC 升压，也可以利用自举升压二极管、自举升压电容等电子元件构成 DC/DC 升压电路，本项目中采用 MC34063 集成电路 DC/DC 转换器来实现。

（3）在电路中如何扩大输出电流，使功率达到特定要求？

答： 由于输出电流较小导致输出功率达不到要求时，可通过外接大功率三极管的方法扩大电流，进而提高输出功率以达到特定要求，选用双极型或 MOS 型三极管均可。

 特别提醒

PCB 布局时须注意：开关导通和关断都存在一个电流环路，这两个环路都是高频、大电流的环路，所以在布局和布线时都要将此二环路面积设计得最小。用于反馈的取样电压要从输出电容上引出，并注意芯片或开关管的散热。

项目 10　正负跟踪直流稳压电源电路设计

在电子电路设计中，最离不开的就是电源。不管是调试测试电路还是驱动电路，它们都离不开电源的应用。本项目通过变压器将市电 220V 交流电压降压为电源电路所需电压，经过整流使交流信号转变为直流信号。利用运算放大器使负电压能够跟随正电压，需要预设稳压电源对放大器进行供电。设置滤波电路去除纹波，稳压电路保持输出稳定，从而输出想要的电源电压。

 设计任务

设计一个直流稳压电源，将市电转变为稳定的直流电源，使电源能够输出 0~15V 双电源，并且负电压跟随正电压输出。

 基本要求

☺ 能够提供稳定的直流稳压电源，负电压能够跟随正电压输出。
☺ 电压调整率≤0.2%，负载调整率≤1%，纹波电压（峰－峰值）≤5mV（最低输入电压下，满载）。
☺ 具有过流及短路保护功能。

![system] 系统组成

正负跟踪直流稳压电源电路系统主要分为以下五部分。
☺ 降压电路：利用变压器对 220V 交流电网电压进行降压，将其变为所需要的交流电压，以满足电源输出的需要。
☺ 整流电路：将交流电压变为单向脉动的直流电压。
☺ 滤波电路：滤除整流电路输出的直流电中的纹波，将脉动的直流电压转变为平滑的直流电压，主要利用储能元件电容来实现。
☺ 稳压电路：清除电网波动及负载变化的影响，保持输出电压的稳定。
☺ 负电压跟随电路：使负电压跟随正电压的变化而变化，正负输出电压值相等。
系统模块框图如图 10-1 所示。

图 10-1　系统模块框图

 模块详解

1. 整流电路

它是全波整流的一种方式，称为桥式整流电路。该电路使用四个二极管，变压器有中心抽头。单相桥式整流电路的变压器中只有交流电流流过，效率较高。利用两个半桥轮流导通，形成信号的正半周和负半周。使用有中心抽头的变压器则可以得到正负两个电压输出。

整流电路原理图如图 10-2 所示。

整流电路输出用示波器监视，仿真结果如图 10-3 所示。

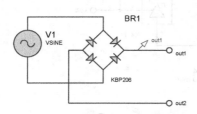

图 10-2　整流电路原理图

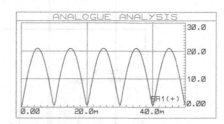

图 10-3　整流电路输出仿真结果

交流电压设定如图 10-4 所示，为了模仿市电经降压后的输入电压，将电压输入设置为 50V，频率设置为 50Hz。

图 10-4　交流电压设定

71

2. 滤波电路

电容滤波一般负载电流较小，可以满足放电时间常数较大的条件，所以输出电压波形的放电段比较平缓，纹波较小，输出脉动系数 S 小，输出平均电压 U_0 大，具有较好的滤波特性。把电容和负载并联，正半周时电容充电，负半周时电容放电，就可在负载上得到平滑的直流电。这里需要注意，在三端稳压器输出端接入电解电容 $C_2 = C_4 = 20\mu F$ 用于减小电压纹波，而并入陶瓷电容 $C_7 = C_8 = 100nF$ 用于改善负载的瞬态响应并抑制高频干扰（陶瓷小电容电感效应很小，可以忽略，而电解电容因为电感效应在高频段比较明显，所以不能抑制高频干扰）。滤波电路如图 10-5 所示。

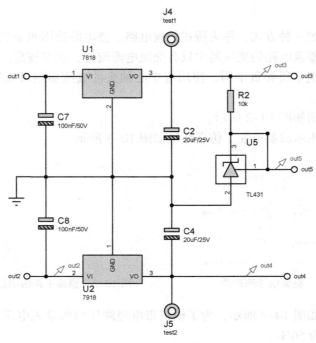

图 10-5　滤波电路

为了验证滤波电路的效果，以前端滤波电路（见图 10-6）为例进行分析。

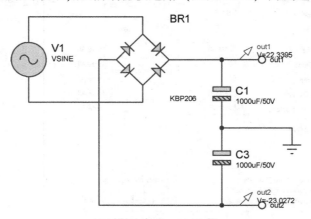

图 10-6　前端滤波电路

前端滤波电路输出用示波器监视，输出波形如图 10-7 所示。

若将 C_1 调整为 $100\mu F$，如图 10-8 所示，则会导致电路输出端 out1 与 out2 电压大小不等。

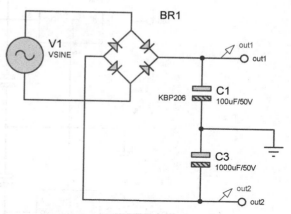

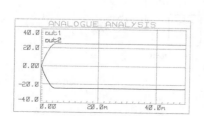

图 10-7　前端滤波电路输出波形　　　　图 10-8　调节 C_1 后的滤波电路

在滤波电路输出端 out1 与 out2 处加入探针，用图表显示其输出结果，如图 10-9 所示。

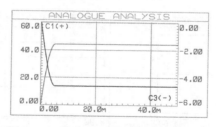

图 10-9　调节 C_1 后滤波电路输出波形

滤波电路中电容的大小除影响电路的滤波效果外，还影响电桥的整流输出。若上下电路不对称，则不会输出大小相等的直流电压有效值，即不会输出大小相等的直流正负电压。

3. 稳压电路

本项目选用的三端稳压器分别为 7818、7918、7805 及 7905，U1 和 U2 的作用是提供稳压电源以使运算放大器工作，U3、U4 的作用是输出电源电路要求的电压。输入端 out1、out2 接上级整流电路输出端，经三端稳压器 7818、7918 输出稳定电压。稳压电路如图 10-10 所示，在 out3、out4 端得到的正负输出电压分别为 +17.8V 和 −17.3V。

用图表记录当前稳压电路输出端 out3、out4 输出波形，如图 10-11 所示。

基准电压（$V_{out5} = 2.5V$）由 TL431 产生。TL431 是可控精密稳压源，其输出电压可设置为 V_{ref}（内部基准源，2.5V）～36V 内的任意值。按图 10-10 所示接法，TL431 输出 V_{ref}，此时 TL431 相当于一个 2.5V 稳压管，故 out5 端输出为 2.5V，如图 10-12 所示。

73

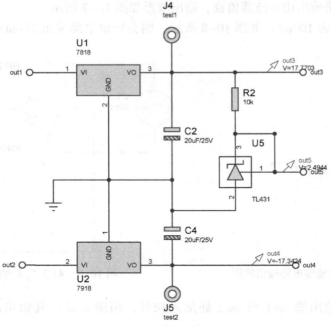

图 10-10　稳压电路

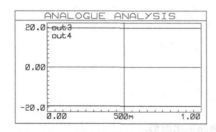

图 10-11　稳压电路输出波形（一）

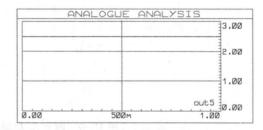

图 10-12　稳压电路输出波形（二）

4. 正负跟随电压输出电路

将上级稳压电路的输出端 out3～out5 接入正负跟随电压输出电路。out5 端输出的基准电压（2.5V）由 RV1 分压后接入 U6:A 运算放大器的同向输入端，则 U6:A 同向输入端的电压输入范围为 0～2.5V。根据要求，运算放大器需将 0～2.5V 放大 6 倍至 0～15V，由同向比例放大电路的公式 $V_{out}=(1+R_1/R_4)V_+$ 可知，R_1 与 R_4 之间的比应为 5:1，可选 $R_1=100\text{k}\Omega$，$R_4=20\text{k}\Omega$，则放大后的正电压输出范围为 0～15V，可通过 RV1 调节输出大小。

运算放大器 U6:B 和电阻 R3、R5 构成负电压输出电路，且输出电压跟随正电压变化，这里取 $R_3=R_5=100\text{k}\Omega$。

如图 10-13 所示，RV1 在位置 1（78%）时，正负跟随电压输出电路输出端 output1 与 output2 可分别输出 +3.84V、−3.72V 电压值。此时，正负跟随电压输出电路空载输出如图 10-14 所示。

调节 RV1，使其阻值减小到达位置 2（26%），则其对应电源输出电压也会减小。此时空载输出电压约为 +11.01V。与此同时，负电源追踪示数为 −11.20V，如图 10-15 所示。此时，正负跟随电压输出电路空载输出如图 10-16 所示。

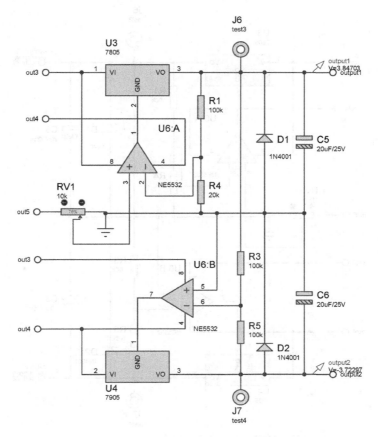

图 10-13　RV1 处于位置 1 时的空载仿真图

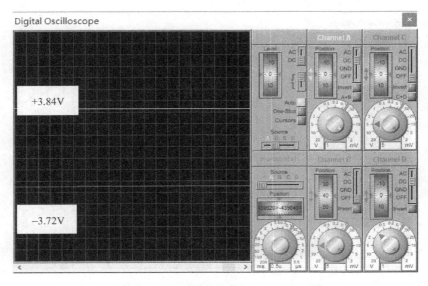

图 10-14　RV1 处于位置 1 时的空载输出

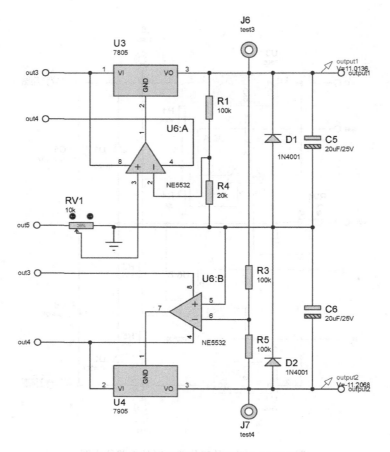

图 10-15　RV1 处于位置 2 时的空载仿真图

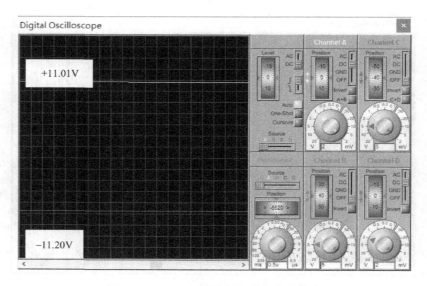

图 10-16　RV1 处于位置 2 时的空载输出

在两个稳压器输出端 out3、out4 处分别接入 1kΩ 电阻与 LED 负载进行测试，如图 10-17 所示。

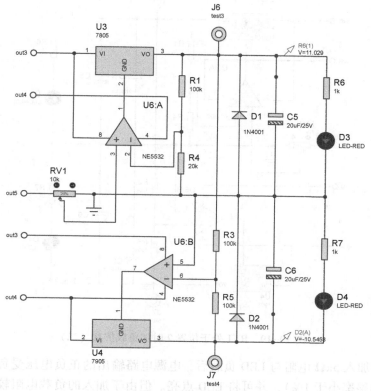

图 10-17   RV1 处于位置 2 时加负载仿真（一）

在加入 1kΩ 电阻与 LED 负载后，电源电路输出的正负电压受负载变化的影响较小（负载调整率小于 1%），并可将 LED 点亮，故满足稳压设计指标要求。

用示波器监视正电压输出端 out3 与 out4，结果如图 10-18 所示。

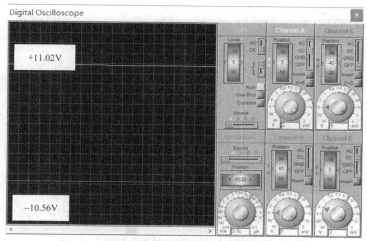

图 10-18   RV1 处于位置 2 时加负载输出（一）

在两个稳压器输出端 out3、out4 处接入 5kΩ 电阻与 LED 负载进行测试，如图 10-19 所示。

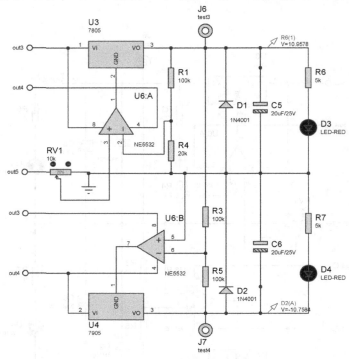

图 10-19 RV1 处于位置 2 时加负载仿真（二）

同样，在加入 5kΩ 电阻与 LED 负载后，电源电路输出的正负电压受负载变化的影响较小（负载调整率小于 1%），并可将 LED 点亮。但由于加入的负载电阻较大将导致 LED 亮度较弱。

可见，通过调节 RV1 并达到位置 2（26%），实现了对正负跟踪电压的控制功能。除此之外，在控制的过程中输出电压的绝对值始终保持跟踪状态，因而满足项目的设计要求。

输出仿真结果如图 10-20 所示。

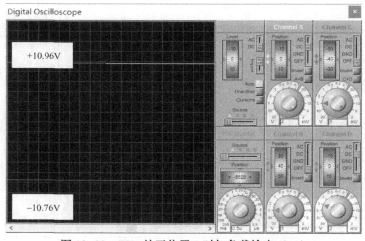

图 10-20 RV1 处于位置 2 时加负载输出（二）

由仿真结果得出，本正负跟踪直流稳压电源可将市电转变为稳定的直流电源，电源经稳流后能够输出 0～15V 的正负双电源，并且负电压跟随正电压输出。输出电压可以通过调节 RV1 使其阻值减小，可实现对正负跟踪电压的控制，且在控制的过程中，输出电压的绝对值始终保持跟踪状态，满足项目的设计要求。

正负跟踪直流稳压电源电路整体电路原理图如图 10-21 所示。

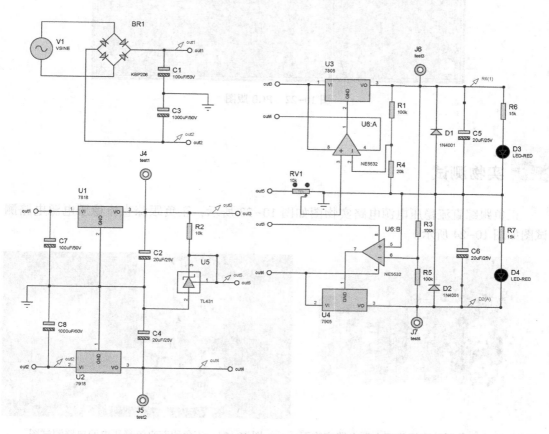

图 10-21 正负跟踪直流稳压电源电路整体电路原理图

经过电路板实际测试，正电压输出最大值为 + 14.58V，负电压输出最大值为 - 14.58V；正电压输出最小值为+4.2mV，负电压输出最小值为-4.2mV，调节过程中负电压跟随正电压变化。设计要求输出 0～15V 的正负电压，负电压跟随正电压变化，实测符合设计要求。

 **PCB 版图**

PCB 版图如图 10-22 所示。

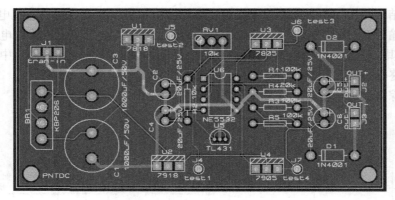

图 10-22　PCB 版图

 实物测试

正负跟踪直流稳压电源电路实物图如图 10-23 所示，正负跟踪直流稳压电源电路测试图如图 10-24 所示。

图 10-23　正负跟踪直流稳压电源电路实物图

图 10-24　正负跟踪直流稳压电源电路测试图

 思考与练习

（1）在设计电源电路时，如何根据电源的要求对器件进行选择？

答：二极管的选择要满足额定电压值和额定电流值。

（2）设计正负跟踪电源电路时，如何选择运算放大器？

答：由于输出到运算放大器的电源电压较高，约为 ±18V，所以选用耐压为 ±22V 的 NE5532 型运算放大器。

（3）对于电容应该如何进行选择？

答：选择电容时，应考虑电解电容的耐压值。电容的额定电压指的是能够连续施加的最大电压，如果是使用在额定电压极限值的条件下，有可能缩短电容的寿命，所以使用的电压应为电容额定电压的 70%～80%。

🐭 特别提醒

电路的调整过程：按照电路图制作电路板并确认无误后，接通交流市电→将 RV1 的阻值调至最大，分别确认正电压输出为+15V、负电压输出为-15V→改变 RV1 的阻值，确认上述输出可变化到 0V→将正、负电压输出重新调整到 15V，再将 100Ω、3W 的电阻分别接到电源输出与地之间，这时应有 150mA 的输出电流，电压不应变动→将输出端直接与地做一次短路，如电路仍能恢复原输出电压，说明电路工作正常。

项目 11　恒功率充电电路设计

在电子电路设计中，最离不开的就是电源。不管是调试测试电路还是驱动电路，都离不开电源的应用。恒功率的意义是指输出电流和电压的乘积恒定。此电源广泛应用于工业控制、设备、机器、仪器等电子设备。本项目设计一个简单的固定式恒功率充电电路，通过前置电路和稳压电路得到输出为 2.5~7.4V 的调节电压，充电电流约为 500μA，LED 指示灯反映充电情况。利用 LM317T 与 TL431 实现对充电电池的恒定电流、恒定电压充电，即恒功率充电。

 设计任务

设计一个恒功率充电电路，在恒流恒压的情况下充电，红灯亮表示正在充电。

 基本要求

☺ 恒功率充电电路必须是恒流恒压的电路，电压可调范围为 2.5~7.4V，充电电流为 500μA。

☺ LED 指示灯显示电路正常工作，电池充电达到设定电压值时 LED 指示灯渐渐熄灭。

系统组成

恒功率充电电路系统主要分为以下两部分。

☺ 前置电路：为系统提供 9V 电压并具有滤波作用。

☺ 可调稳压电路：为系统提供可调的恒定电压及电流。

系统模块框图如图 11-1 所示。

图 11-1　系统模块框图

 模块详解

1. 前置电路

这个模块分输入部分和滤波部分。输入部分由 9V 电源供电，由电压源或电池提供电压。100μF/50V 电解电容的作用是滤波，在现实中，为了不使电路各部分供电电压因负载变化而发生变化，所以在电源的输出端及负载的电源输入端分别焊接十至数百微法的电解电容。当 9V 电源接入电路时 D4 指示灯亮。前置电路原理图如图 11-2 所示。

2. 可调稳压电路

这是电源芯片及其外围电路，核心器件为三端稳压器 LM317T，功能主要是稳定电压信号，以便提高系统的稳定性和可靠性。

LM317T 由 VI 端提供工作电压，需要用极小的电流来调整 ADJ 端的电压，便可在 VO 端得到比较大的电流输出。还可以通过调整 ADJ 端（1 端）的电阻值改变输出电压。所以，当 ADJ 端的电阻值增大时，输出电压将会升高。

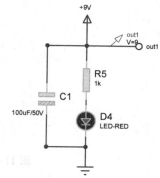

图 11-2　前置电路原理图

 注意

LM317T 有一个最小负载电流的问题，即只有负载电流超过某一数值时，它才能起到稳压的作用。随器件生产厂家的不同，这个电流在 3~8mA 不等，可以通过在负载端口外接一个合适的电阻来解决。TL431 是一个稳压器，通过调节内部三极管的导通量调节外部输出，使基准电压保持在 2.5V。TL431 的 1 脚连接电位器，防止电池电压反冲。

当 RP1 处于位置 1（90%）时，可调稳压电路仿真图如图 11-3 所示。

电路中的恒流电路由 LM317T 与电阻 R2、R6、R7、R8 构成，恒流电流的大小由电阻 R2 与 R6 的并联阻值决定，其中充电电流 I 为

$$I = 1.95/R_2 \qquad (11-1)$$

式中，1.95V 是由 LM317T 的基准电压 1.25V 与二极管 D3 的结电压 0.7V 之和估算得出的。

电路中恒压电路由 TL431、RP1、R4 组成，调节 RP1 的阻值就可以改变恒压电压的高低，可调节输出电压在 2.5~7.4V 之间变化。输出电压公式为

$$U_o = \left(1 + \frac{R_{P1}}{R_4}\right) \times 2.5 \qquad (11-2)$$

式中，2.5V 为 TL431 提供的基准电压。这样就可以从输出端输出恒定电压、恒定电流。根据上述公式，可得充电恒流为 500μA，充电恒压为 +3V。输出波形如图 11-4~图 11-7 所示。

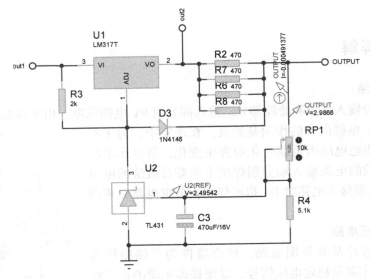

图 11-3　RP1 处于位置 1 时的可调稳压电路仿真图

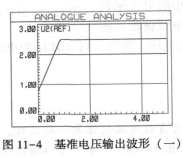

图 11-4　基准电压输出波形（一）

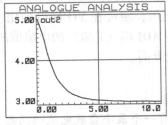

图 11-5　稳压器输出波形（一）

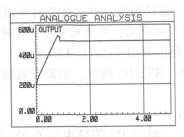

图 11-6　恒流输出波形（一）

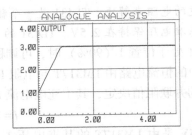

图 11-7　恒压输出波形（一）

　　如上所示，由 TL431 产生的基准电压稳定为 2.5V。在电位器 RP1 处于位置 1（90%）时，三端稳压器输出端 out2 输出 3.1V 直流电压。此时电路输出端 OUTPUT 可输出大小为 500μA 的恒流与大小为 3V 的恒压。

　　利用输出的恒流与恒压给电池充电，这里用 10000μF 的电解电容模拟电池，其内阻为 10Ω。充电过程仿真如下。

　　如图 11-8 所示，在充电过程中由于 out2 端与节点存在足够的压降，此时指示灯亮起。由于充电作用 R1 处电压不断增大，最终使 out2 端与节点处压降为零，指示灯熄灭。充电电池两端电压如图 11-9 所示。

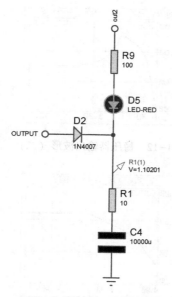

图 11-8 充电及显示电路

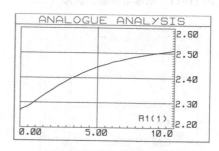

图 11-9 充电电池两端电压

充电时 LED 指示灯 D5 发光，电池充电到设定恒压值时，充电电流慢慢减小，LM317T 输入端与输出端之间的电压差逐渐减小，使 D5 熄灭。

将 RP1 调节至位置 2（20%）处，三端稳压器调整端电压改变，导致输出端 out2 电压减小。除此之外，此时由于电位器接入阻值改变，输出恒压与恒流增大。仿真图如图 11-10 所示。

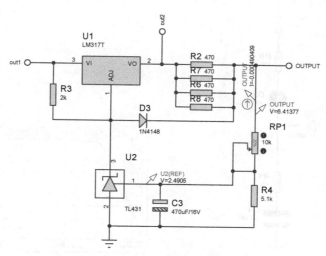

图 11-10 RP1 处于位置 2 时的可调稳压电路仿真图

根据式（11-1）、式（11-2）计算，此时输出恒流应约为 500μA，输出恒压约为 6.4V。

各端口仿真输出波形如图 11-11~图 11-14 所示。

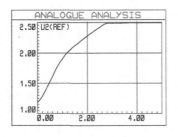

图 11-11　基准电压输出波形（二）

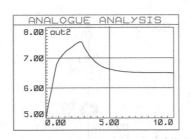

图 11-12　稳压器输出波形（二）

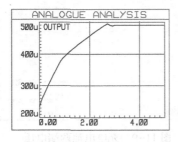

图 11-13　恒流输出波形（二）

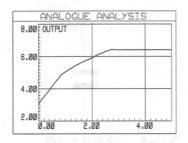

图 11-14　恒压输出波形（二）

　　如上所示，由 TL431 产生的基准电压稳定为 2.5V。在电位器 RP1 处于位置 2（20%）时，三端稳压器输出端 out2 输出 6.5V 直流电压。此时电路输出端 OUTPUT 可输出大小为 500μA 的恒流与大小为 6.4V 的恒压。

　　设待充电电源内阻为 10Ω，充电过程仿真如图 11-15、图 11-16 所示。

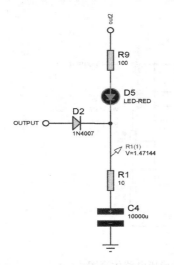

图 11-15　充电及显示电路（一）

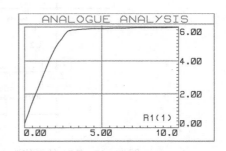

图 11-16　充电过程中电池两端电压（一）

　　如图 11-15 与图 11-16 所示，充电时 LED 指示灯 D5 发光，当电池两端电压逐步逼近恒压值 6.4V 时，充电电流慢慢减小，电路上 LM317T 输入端与输出端之间的电压也慢慢下降，使 D5 熄灭。随后，将电源内阻调整为 100Ω，充电过程仿真如图 11-17、图 11-18 所示。

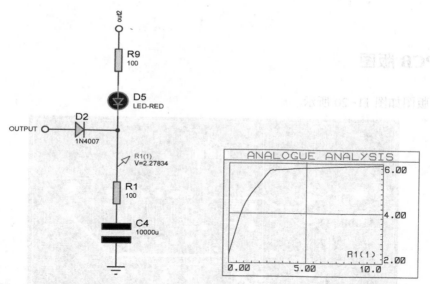

图 11-17 充电及显示电路（二）　　　图 11-18 充电过程中电池两端电压（二）

当加在电路输出两端的负载 R_1 改变至 100Ω 时，同样，充电时 LED 指示灯 D5 发光，电池充电达到设定恒压值 6.4V 所需时间变长，充电完毕后电流会逐步减小。LM317T 输入端与输出端之间的电压差逐渐减小，导致 D5 熄灭。

可见，使 RP1 达到位置 2（20%）时，电路电压可调至 +6.4V 左右恒定输出，实现了充电可调功能。与此同时，也保证 500μA 的恒流输出且不随负载变化而改变。所以，可知本设计为恒功率充电电路。

恒功率充电电路整体电路原理图如图 11-19 所示。

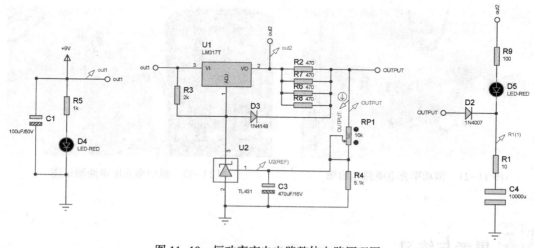

图 11-19 恒功率充电电路整体电路原理图

经过对电路板的实际测试，结果显示输出恒定电压为 2.49～7.15V 可调，恒定电流为 500μA，设计要求电路输出恒定电压为 2.5～7.4V，恒定电流为 500μA，实测基本符合要求。

 **PCB 版图**

PCB 版图如图 11-20 所示。

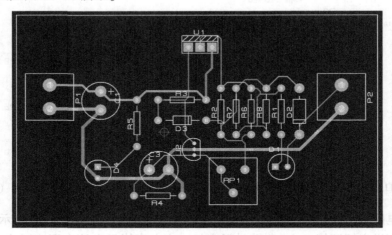

图 11-20　PCB 版图

 实物测试

恒功率充电电路实物图如图 11-21 所示，恒功率充电电路测试图如图 11-22 所示。

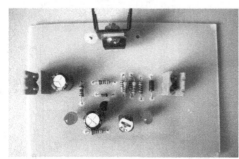

图 11-21　恒功率充电电路实物图

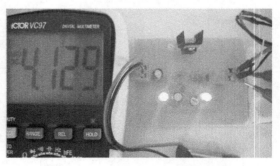

图 11-22　恒功率充电电路测试图

 思考与练习

（1）为什么采用 LM317T？除了采用 LM317T 外还可以用什么？用哪个更好？

答： LM317T 是可调三端正电压稳压器，在输出电压范围为 1.2~37V 时能够提供超过 1.5A 的电流。除了采用 LM317T 外，还可以采用 7805。两种电路构成一致，但采用

LM317T 恒流效果更好，前者是固定输出稳压 IC，后者是可调输出稳压 IC，而且两种芯片的售价相近，因而采用 LM317T 更为合理。

（2）本项目是如何实现电源输出功率保持恒定的？

答：恒功率是指输出电流和电压的乘积保持恒定。本项目中电路由恒压电路和恒流电路组成，分别提供恒定的电压输出与恒定的电流输出，因此输出功率也保持恒定。

（3）电路中电解电容和二极管的作用是什么？

答：电路中电解电容的作用是滤波和耦合；在电路短路时会产生较大的电流，为了避免造成元件的损坏，因此应选用 1N4007 系列的二极管。

 特别提醒

充电时不能有太大的电压以免烧坏电路；电路板不能放在潮湿的地方，应放在通风干燥处。

项目 12　可调式恒流源电路设计

　　恒流源是一种能向负载提供恒定电流的电源装置，它在外界电网电源产生波动和阻抗特性发生变化时仍能使输出电流保持恒定。恒流源电路具有输出电流恒定、温度稳定性好、直流电阻很小但等效交流输出电阻却很大等特点。它既可以为各种放大电路提供偏流以稳定其静态工作点，又可以作为有源负载提高其放大倍数。

　　本项目通过 TL431 提供基准电压并利用电位器调节其输出大小。随后将可调的基准电压输入运算放大器的输入端，通过负反馈作用及变压器输出端之间的关系，来保证恒流源的输出。在设计完成后，对电路是否为恒流输出进行验证。

 ## 设计任务

设计一个简单的可调式恒流源电路，使其输出在 0.8～48mA 之间可调。

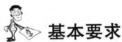 ## 基本要求

恒流源输出可调，输出电流不因负载变化而变化。

系统组成

可调式恒流源电路系统主要分为以下两部分。
- ☺ 基准电压输出电路：产生恒流源需要利用一个电压基准，在电阻上形成一定电流，这里利用 TL431 产生基准电压。
- ☺ 恒流源产生电路：利用电压跟随器，产生恒定输出电压，稳定电压除以电位器阻值产生可调电流。

系统模块框图如图 12-1 所示。

图 12-1　系统模块框图

 **模块详解**

1. 基准电压输出电路

基准电压 V_{REF}（2.5V）由 TL431 产生，所以当在 REF 端引入输出反馈时，器件可以通过从阴极到阳极很宽范围的分流，控制输出电压。这个基准电压由 R3 和 RV1 分压后输出设置 out1 点电位，来调节恒流源所需输出电流。

选取 RV1 的阻值为 2kΩ 并调整至位置 1（50%）处，基准电压输出电路仿真图如图 12-2 所示。

用图表显示基准电压输出波形，如图 12-3 所示。

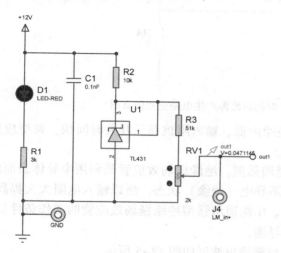

图 12-2　RV1 处于位置 1 时的基准电压
输出电路仿真图

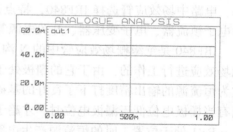

图 12-3　RV1 处于位置 1 时的
基准电压输出波形

如图 12-2 所示，当 RV1 处于位置 1 时，可以在基准电压输出电路输出端 out1 得到稳定的直流基准电压，大小为 47.1mV。该输出信号由 TL431 输出的 2.5V 经 R3 与 RV1 分压后得到。

2. 恒流源产生电路

基准电压输出电路的输出端 out1 处输出稳定的 47.1mV 基准电压至运算放大器的输入端。根据虚短关系，LM_in+端的电压与 FB 端电压相等，电压值为 47.1mV。当场效应管导通时，电流 I_{out} 可以根据式（12-1）计算。

$$I_{out} = V_{REF}/R_4 \tag{12-1}$$

则输出电流可计算，大小为 24.4mA。

RV1 处于位置 1 时的恒流源产生电路空载仿真图如图 12-4 所示。

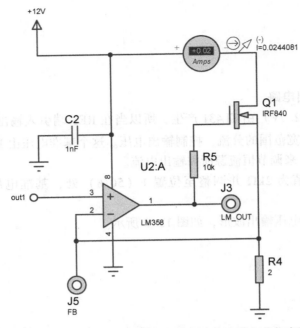

图 12-4　RV1 处于位置 1 时的恒流源产生电路空载仿真图

电路中场效应管选择 IRF840，特点是噪声低、输入阻抗高、开关时间快。典型应用为电子镇流器、电子变压器、开关电源等。

IRF840 是绝缘栅场效应管中的 N 沟道增强型。绝缘栅场效应管是利用半导体表面的电场效应进行工作的，由于它的栅极处于不导电（绝缘）状态，所以输入电阻大大提高，这为恒流源的输出精度打下了良好的基础。N 沟道增强型绝缘栅场效应管的工作条件是：只有当栅极电位低于漏极电位时，才趋于导通。

RV1 处于位置 1 时的恒流源产生电路空载输出波形如图 12-5 所示。

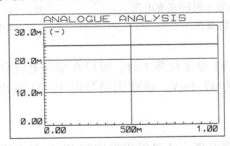

图 12-5　RV1 处于位置 1 时的恒流源产生电路空载输出波形

如图 12-4 所示，当 RV1 处于位置 1（50%）时，电路空载输出大小为 24.4mA 的直流电流。将基准电压输出电路中的 RV1 调整到位置 2（90%），改变 R3 与 RV1 的分压比例，此时 out1 当前输出达到 84.8mV 直流电压，如图 12-6 所示。

RV1 处于位置 2 时，out1 端基准电压输出电路输出波形如图 12-7 所示。

在 RV1 处于位置 2（90%）时，场效应管同样导通，电流 I_{out} 可以根据式（12-1）计算，其大小为 43.2mA，电路空载仿真图如图 12-8 所示。

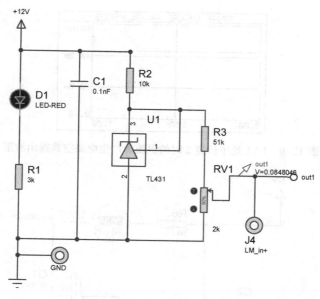

图 12-6　RV1 处于位置 2 时的基准电压输出电路仿真图

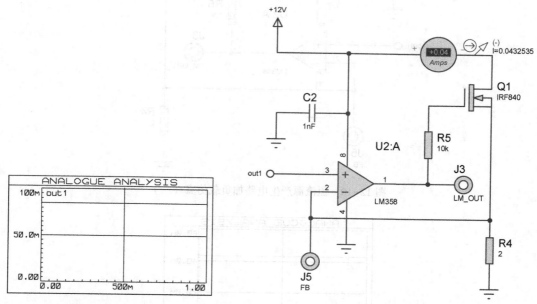

图 12-7　RV1 处于位置 2 时的基准　　　　　图 12-8　RV1 处于位置 2 时的恒流源
　　　电压输出电路输出波形　　　　　　　　　　　产生电路空载仿真图

　　RV1 处于位置 2 时的恒流源产生电路空载输出波形如图 12-9 所示。

　　图 12-8 中为电源电路空载仿真，当前电流输出值为 43.2mA。在恒流输出端加入 50Ω 负载，测试电路加入负载是否能够正常工作。从图 12-10 的仿真结果可以看出，稳流电源的输出并不会因为加入负载而改变。

　　加入 50Ω 负载后，恒流源产生电路输出波形如图 12-11 所示。

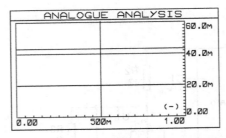

图 12-9　RV1 处于位置 2 时的恒流源产生电路空载输出波形

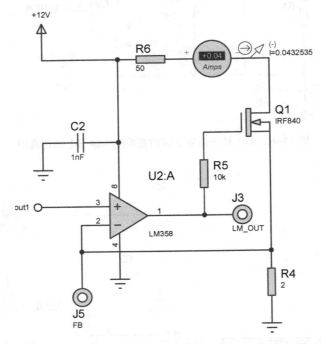

图 12-10　恒流源产生电路加负载仿真（一）

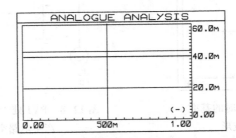

图 12-11　恒流源产生电路加负载输出波形（一）

如图 12-11 所示，在电路中加入 50Ω 负载时，测试负载电流输出为 43.2mA，与空载时的电路输出相同。

再次调整负载大小，将负载调整为 200Ω 电阻，仿真结果如图 12-12 所示。

用图表显示当前恒流源产生电路输出波形，如图 12-13 所示。

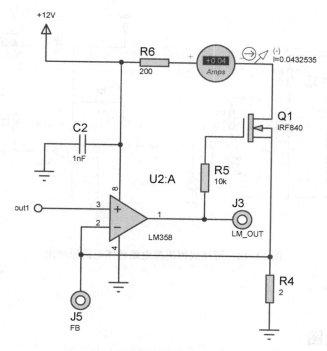

图 12-12　恒流源产生电路加负载仿真（二）

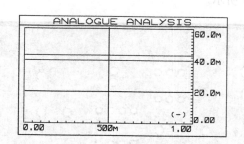

图 12-13　恒流源产生电路加负载输出波形（二）

从图 12-13 中可以看出，恒流源产生电路输出值一直稳定在 43.2mA，即电源此时具有较好的稳定性。

注意

同之前固定式稳流电源电路的设计类似，只有当栅极电位低于漏极电位时，场效应管才趋于导通。所以当负载过大时，由于流过的电流为恒流，会导致栅极电压与漏极电位逐渐相等，最终场效应管截止，此时不会输出稳定恒流。

可调式恒流源电路整体电路原理图如图 12-14 所示。

对电路板进行实际测试，调节电位器，电流输出为 0.79~49.3mA，设计要求输出电流 0.8~48mA，实测基本符合设计要求。

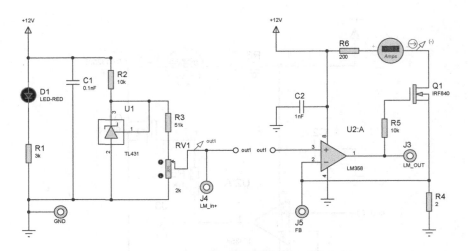

图 12-14   可调式恒流源电路整体电路原理图

 **PCB 版图**

PCB 版图如图 12-15 所示。

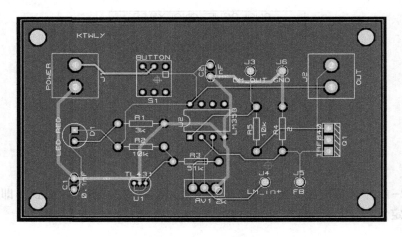

图 12-15   PCB 版图

 实物测试

可调式恒流源电路实物图如图 12-16 所示，可调式恒流源电路测试图如图 12-17 所示。

图 12-16 可调式恒流源电路实物图   图 12-17 可调式恒流源电路测试图

思考与练习

（1）如何验证电路是否为稳流电源电路？

答： 在输出端串联不同的负载（如串联电位器或不同阻值的电阻）来实现。观察当负载变化时，负载两端电流是否保持不变。若输出电流保持不变，则说明该电路为稳流电源电路。

（2）在可调式恒流源电路中对于输入级器件有什么要求？

答： 输入级需要恒压源，可以采用具有电压饱和伏安特性的器件作为输入级。一般的PN 结二极管就具有这种特性——指数式上升的伏安特性。

项目 13　交流稳压电源电路设计

交流信号是电流的方向会发生变化的信号，直流信号是电流方向不发生变化的信号，这里说的是方向的变化而不是大小的变化。在医疗电路中，生物阻抗的测量是使用置于体表的电极或电极系统向被测对象注入微小的交流测量电流，检测相应的电阻抗及其变化情况，所以要求交流信号电流足够小，不会对人体产生危害，并且幅值恒定。

交流稳压电源是能为负载提供稳定交流电源的电子装置，又称交流稳压器。各种电子设备要求由比较稳定的交流电源供电，特别是当计算机技术应用于各个领域后，采用由交流电网直接供电而不采取任何措施的方式已不能满足需要。利用振荡电路产生正弦 50Hz 交流信号，利用电压跟随器使交流信号稳幅，不随负载变化而受到影响。

 ## 设计任务

设计一个简单的适用于医疗电路的交流稳压电源，使其输出 50Hz 的交流稳压。

 ## 基本要求

☺ 能够提供交流稳压信号。
☺ 输出电流小，适用于生物阻抗的测量。

系统组成

交流稳压电源电路系统主要分为以下两部分。
☺ 文氏电桥振荡电路：利用文氏电桥振荡电路产生 50Hz 的交流信号，提供所需的交流电压。
☺ 电压跟随电路：将产生的交流信号稳压，使其不随负载变化而产生变化。
系统模块框图如图 13-1 所示。

图 13-1　系统模块框图

 **模块详解**

1. 文氏电桥振荡电路

文氏电桥振荡电路产生一定频率、一定幅度、恒定的正弦电流。正弦波振荡电路是在没有外加输入信号的情况下，依靠自激振荡而产生正弦波输出电压的电路。在正弦波振荡电路中，一要反馈信号能够取代输入信号，而若要如此，电路中必须引入正反馈；二要有外加的选频网络，用以确定振荡频率。所以正弦波振荡电路的组成包括放大电路、选频网络、正反馈网络和稳幅环节。放大电路能够保证电路从起振到动态平衡的过程，使电路获得一定幅值的输出量，实现能量的控制。选频网络能够确定电路的振荡频率，使电路产生单一频率的振荡，即保证电路产生正弦波振荡。正反馈网络的引入使放大电路的输入信号等于反馈信号。稳幅环节也就是非线性环节，作用是使输出信号幅值稳定。

文氏电桥振荡电路原理图如图 13-2 所示。

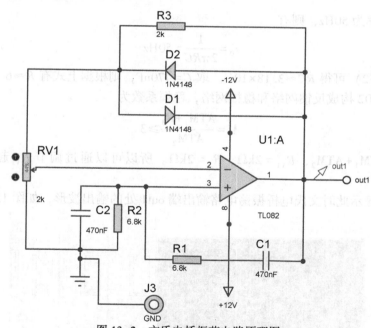

图 13-2　文氏电桥振荡电路原理图

调整 RV1 使其处于位置 1（44%），此时文氏电桥振荡电路仿真图如图 13-3 所示。

常将选频网络和正反馈网络合二为一，这里利用电流增大时二极管动态电阻（r_d）减小、电流减小时二极管动态电阻增大的特点，将两个并联的二极管再与反馈电阻（阻值为 R_f）串联，构成稳幅环节，比例系数为

$$A_v = 1 + \frac{R_f + r_d}{R} \tag{13-1}$$

R1、R2、C1、C2 构成 RC 串并联选频网络。其中，$R_1 = R_2 = R$，$C_1 = C_2 = C$。由于设

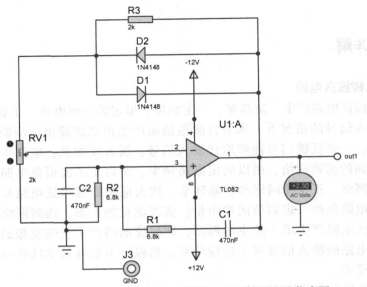

图 13-3　RV1 处于位置 1 时的文氏电桥振荡电路仿真图

计要求振荡频率为 50Hz，则有

$$f_0 = \frac{1}{2\pi RC} = 50\text{Hz} \tag{13-2}$$

由式（13-2）可得 $RC \approx 3.18 \times 10^{-3}$。取 $C = 470\text{nF}$，则根据上式有 $R \approx 6.8\text{k}\Omega$。

R3、D1、D2 构成反馈网络和稳幅网络，稳幅系数为

$$A_v = \frac{\text{ATM}_1 + R_3}{\text{ATM}_2} \geqslant 3 \tag{13-3}$$

式中，$R_{V1} = \text{ATM}_1 + \text{ATM}_2$，$R_{V1} = 2\text{k}\Omega$，$R_3 = 2\text{k}\Omega$。所以可以通过调节 R_{V1} 起到调节 A_v 的作用。

用示波器显示此时文氏电桥振荡电路输出端 out1 处的输出波形，如图 13-4 所示。

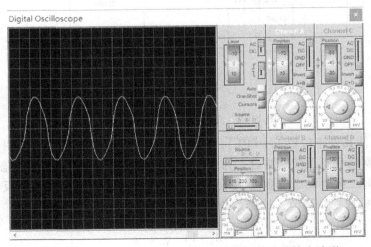

图 13-4　RV1 处于位置 1 时的文氏电桥振荡电路输出波形

当 RV1 处于位置 1 时，电源空载输出正弦信号，其有效值为+10.1V，频率为 50Hz。

2. 电压跟随电路

在电路中，电压跟随器一般做缓冲级（buffer）及隔离级。因为，电压放大器的输出阻抗一般比较高，通常在几千欧姆到几十千欧姆，如果后级的输入阻抗比较小，那么信号就会有相当的部分损耗在前级的输出电阻中。这时，就需要利用电压跟随器进行缓冲，起到承上启下的作用。电压跟随电路原理图如图 13-5 所示。

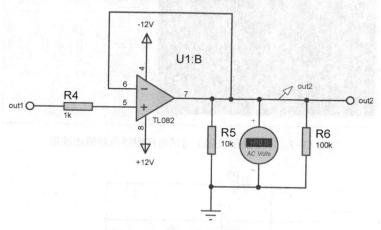

图 13-5　电压跟随电路原理图

电路中运算放大器均采用 TL082 集成运放。TL082 是一种通用的 J-FET 双运算放大器。其特点是：较低的输入偏置电压和偏移电流；输出设有短路保护；内建频率补偿电路。

当 RV1 处于位置 1（44%）时，电压跟随电路仿真图如图 13-6 所示。

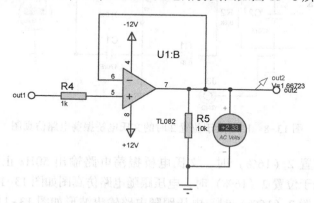

图 13-6　RV1 处于位置 1 时的电压跟随电路仿真图

在电路输出端 out2 处选取交流电压表来测量当前电路输出有效值，测得有效值大小为+2.33V。如图 13-7 所示为电压跟随电路输出波形。可见，通过电压跟随电路，可将上级信号跟随输出。此时调节上级振荡电路中 RV1 至位置 2（16%），仿真图如图 13-8 所示。

当 RV1 处于位置 2（16%）时，文氏电桥振荡电路输出波形如图 13-9 所示。

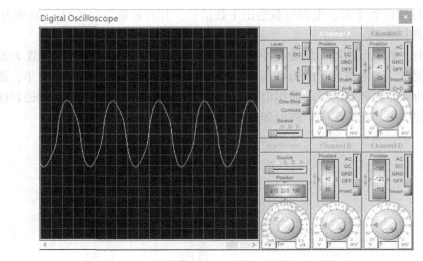

图 13-7　RV1 处于位置 1 时的电压跟随电路输出波形

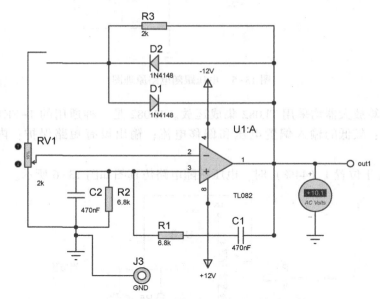

图 13-8　RV1 处于位置 2 时的文氏电桥振荡电路仿真图

当 RV1 处于位置 2（16%）时，文氏电桥振荡电路输出 50Hz 正弦波形，有效值为 +10.1V。当 RV1 处于位置 2（16%）时，电压跟随电路仿真图如图 13-10 所示。

当 RV1 处于位置 2（16%）时，电压跟随电路输出波形如图 13-11 所示。

如仿真结果所示，利用文氏电桥振荡电路中的 RV1 调节幅度比例系数 A_v，改变最终 out1 端输出幅度，使其输出有效值为 +10.1V 的交流信号，实现了对电路输出幅度的调节。

在电路输出端 out2 处接入 10kΩ 负载进行测试，仿真结果如图 13-12 所示。

接入 10kΩ 负载后 out2 处电源输出波形如图 13-13 所示。

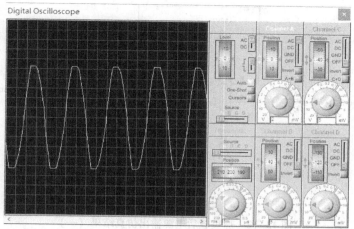

图 13-9 RV1 处于位置 2 时的文氏电桥振荡电路输出波形

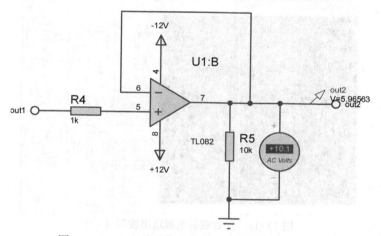

图 13-10 RV1 处于位置 2 时电压跟随电路仿真图

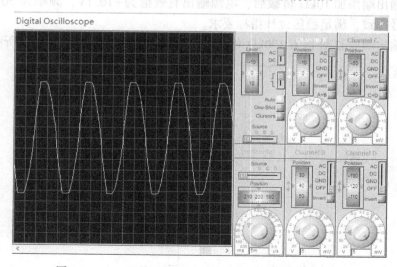

图 13-11 RV1 处于位置 2 时的电压跟随电路输出波形

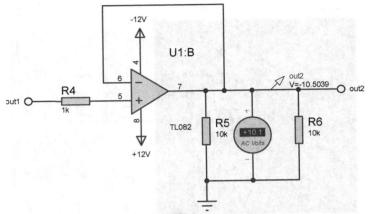

图 13-12　加负载后电源输出仿真结果（一）

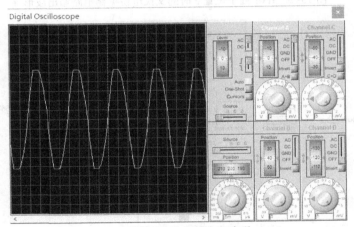

图 13-13　加负载后电源输出波形（一）

在电源输出端添加 10kΩ 负载后，电源输出有效值为 +10.1V，频率为 50Hz，与空载时的输出信号一致，满足稳压设计指标要求。

在电路输出端 out2 处接入 100kΩ 负载进行测试，仿真结果如图 13-14 所示。

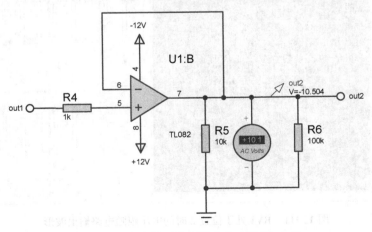

图 13-14　加负载后电源输出仿真结果（二）

104

接入100kΩ负载后out2处电源输出波形如图13-15所示。

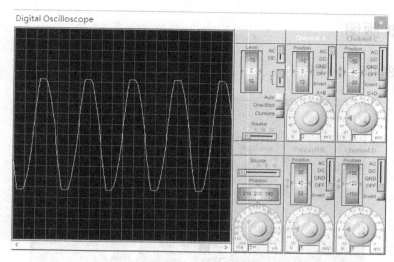

图13-15　加负载后电源输出波形（二）

在电源输出端添加100kΩ负载后，电源输出为+10.1V，与之前的空载与加10kΩ负载时的测试结果几乎相同，故本项目中的电源为交流稳压电源。

综上所述，本项目设计的交流稳压电源通过输出正弦波形，再通过电压跟随器进行缓冲，最终得到可调的、稳定的50Hz交流信号。此外，在仿真完毕后将电路输出端加入不同负载进行对比测试，最终结果显示满足设计要求。

交流稳压电源电路整体电路原理图如图13-16所示。

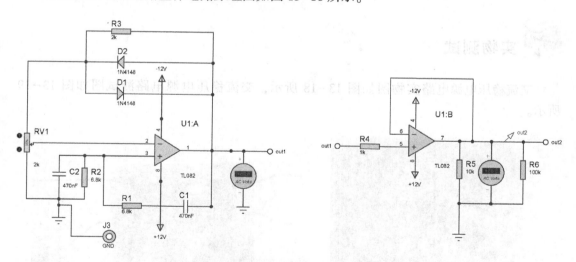

图13-16　交流稳压电源电路整体电路原理图

经过对电路板的实际测试，示波器显示输出稳定的正弦波交流信号，幅值在1.27~18.3V之间可调，频率为49.3Hz，负载可以从41.2Ω到数兆欧姆，实测符合设计要求。

 **PCB 版图**

PCB 版图如图 13-17 所示。

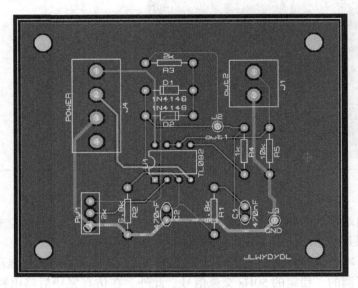

图 13-17　PCB 版图

 实物测试

交流稳压电源电路实物图如图 13-18 所示，交流稳压电源电路测试图如图 13-19 所示。

图 13-18　交流稳压电源电路实物图

图 13-19　交流稳压电源电路测试图

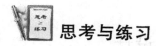 **思考与练习**

（1）文氏电桥振荡电路的起振条件和稳幅原理是什么？

答：振荡器在刚刚起振时，为了克服电路中的损耗，需要正反馈强一些，这称为起振条件。由于起振后就要产生增幅振荡，需要靠三极管的非线性特性去限制幅度的增加，这个过程称为稳幅。

（2）电路中电压跟随器的作用是什么？

答：①提高带负载能力：集电极放大电路的输入高阻抗、输出低阻抗的特性，使它在电路中可以起到阻抗匹配的作用，能够使后一级的放大电路更好地工作。②隔离作用：电压隔离器的输出电压近似输入电压幅度，并对前级电路呈高阻态，对后级电路呈低阻态，因而对前、后级电路起到隔离作用。③缓冲作用：电压放大器的输出阻抗一般比较高，通常为几千欧姆到几十千欧姆，如果后级的输入阻抗比较小，那么信号就会有相当的部分损耗在前级的输出电阻中。这时，就需要使用电压跟随器来从中进行缓冲，起到承上启下的作用。

（3）如何验证设计电路是否满足设计要求，产生交流稳压电源？

答：利用 Proteus 软件对电路进行仿真，用示波器和图表观察输出电压波形，通过改变负载电阻观察得到的交流电压波形是否失真，以此验证电路是否满足设计要求。

 特别提醒

上电后首先调节电位器，直到满足起振条件并有波形输出后再进行观察。

项目 14　固定式恒流源充电电路设计

基本的恒流源电路主要由输入级和输出级构成，输入级提供参考电流，输出级输出需要的恒定电流。恒流源电路就是要能够提供一个稳定的电流以保证其他电路稳定工作，即要求恒流源电路输出恒定电流，因此作为输出级的器件应该具有饱和输出电流的伏安特性。如今，电流维持在恒定值的充电方法已被广泛使用。蓄电池的初充电、运行中蓄电池的容量检查、运行中牵引蓄电池的充电及蓄电池极板的化成充电，多采用恒流或分阶段恒流充电。此法的优点是可以根据蓄电池的容量确定充电电流值，直接计算充电量并确定充电完成的时间。本项目设计一个恒流输出电路给电池充电，使得在输入电压为 8~36V 的情况下，使用 LM317K 使电流变为恒流输出，为电池充电。

恒流源的实质是利用器件对电流进行反馈，动态调节设备的供电状态，从而使得电流趋于恒定。只要能够得到电流，就可以有效形成反馈，从而建立恒流源。再用三极管、LED 等构成充电指示电路，反映电池的充电情况。

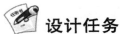

设计任务

设计一个简单的固定式恒流源充电电路，在一定的电压范围内实现对充电电池的恒定电流充电。

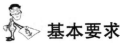

基本要求

在输入电压源为 12V 时，固定式恒流源充电电路应满足如下要求。

选择适当的 R_2 值，使充电电流为 300μA。当电池达到规定的充电电压 12V 时，VT1 管截止，LED 熄灭。

系统组成

固定式恒流源充电电路系统主要分为以下三部分。
☺ 稳压电路：为充电电路提供稳定的电压。
☺ 恒流值充电电路：实现恒流充电。
☺ 充电指示电路：指示充电的情况。

系统模块框图如图 14-1 所示。

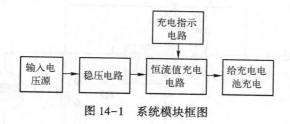

图 14-1　系统模块框图

 **模块详解**

1. 稳压电路

利用 LM317K 构成稳压电路，其输出电压范围为 1.25~37V，负载电流最大为 1.5A。它的使用非常简单，仅需两个外接电阻来设置输出电压。LM317K 内置有过载保护、安全区保护等多种保护电路。通常 LM317K 不需要外接电容，除非输入滤波电容到 LM317K 输入端的连线超过 6 英寸（15cm）。使用输出电容能改变瞬态响应。调整端使用滤波电容能得到比标准三端稳压器高得多的纹波抑制比。LM317K 有许多特殊的用法，如把调整端悬浮到一个较高的电压上，可以用来调节高达数百伏的电压，只要输入、输出压差不超过 LM317K 的极限就行，当然还要避免输出端短路。恒流源充电电路如图 14-2 所示。

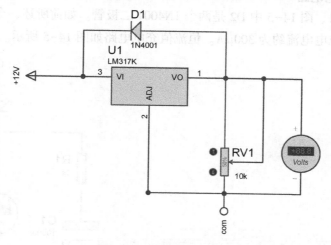

图 14-2　恒流源充电电路

输出的恒流电流 I_{in} 为

$$I_{in} = V_{12}/R_2 \tag{14-1}$$

式中，V_{12} 为稳压器 1、2 脚间电压差；R_2 为变阻器连入电路的当前阻值。

恒流源充电电路仿真结果如图 14-3 所示，可以看出恒压差输出端的恒定输出电流为 0.25mA（由于稳压器的 1、2 脚输出电压差恒为 1.25V，变阻器 R_2 取值 10kΩ）。实际使用时，R_2 常取 10kΩ。这里取 R_2 接入阻值为 5kΩ 时，电池的充电电流约为 300μA。

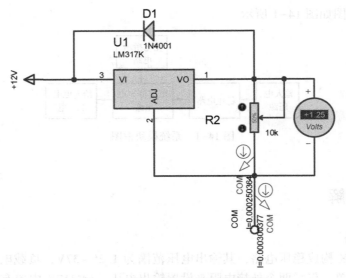

图 14-3　恒流源充电电路仿真结果

用图表记录当前输出恒流，结果如图 14-4 所示。图中下方浅色线为 LM317K 的 1 脚与 2 脚间输出恒流，大小为 250μA；上方深色线为充电电路中输入恒流，大小为 300μA。

2. 恒流值充电电路

图 14-3 中 D1、图 14-5 中 D2 是两个 1N4001 二极管。如前所述，令图 14-3 中 R_2 取 5kΩ 时，电池的充电电流约为 300μA。恒流值充电电路如图 14-5 所示。

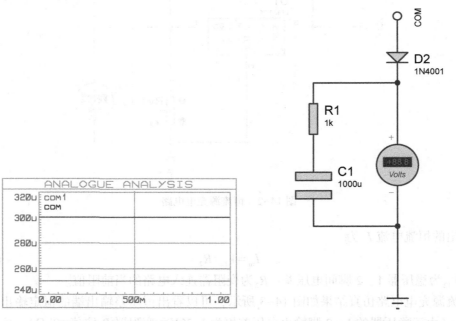

图 14-4　输出恒流仿真　　　　　图 14-5　恒流值充电电路

充电初始时仿真结果如图 14-6 所示，其中充电指示灯亮。随着恒流充电时间的增加，充电电池两端的电荷增多，COM 端电压升高，同时由于三极管基极、集电极电流减小，电源指示灯亮度变暗，如图 14-7 所示。

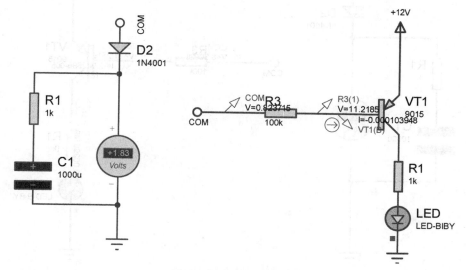

图 14-6　充电初始时仿真结果

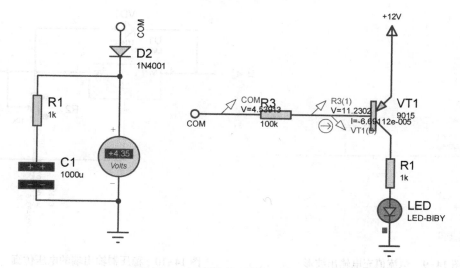

图 14-7　恒流值充电过程仿真（一）

当充电结束时，电源指示灯灭，此时达到恒流充电的最大电压值，如图 14-8 所示。如果再继续充电，将不是恒流充电，因为稳压器的 1、2 脚压差不再为恒定的 1.25V。

充电过程中，恒流值充电输出波形如图 14-9 所示。

若继续充电，稳压器输出端的电压仿真如图 14-10 所示，可以看到稳压器 1、2 脚之间的电压在逐渐减小。

111

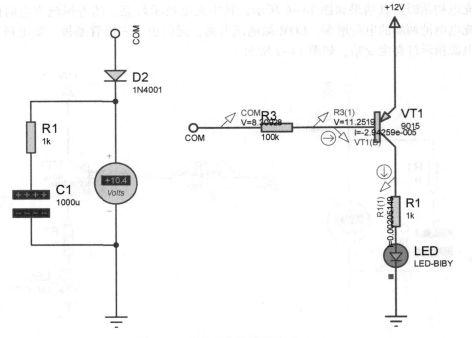

图 14-8   恒流值充电过程仿真（二）

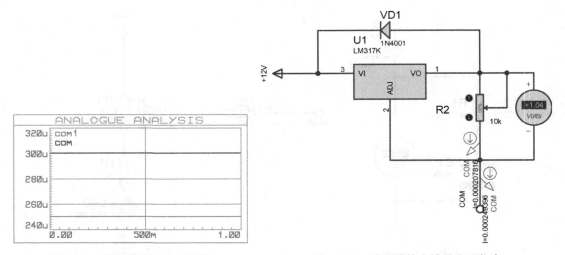

图 14-9   恒流值充电输出波形   图 14-10   稳压器输出端的电压仿真

将电池内阻 R_1 调整为 10kΩ，充电过程仿真如图 14-11 所示。

调整负载后恒流值充电输出波形如图 14-12 所示。

根据上述仿真可知，本项目所设计的恒流源充电电路可稳定达到 300μA 电流输出；将负载从 1kΩ 变为 10kΩ，输出仍保持 300μA，满足设计指标要求。

3. 充电指示电路

电阻 R1 和 LED 组成了充电指示电路，若选择适当 R_3 值，则当电池达到规定的充电电压时，R3 两端电压很小，即流过电流 I_b 很小，此时 VT1 管截止，I_c 几乎为 0，LED 熄灭。充电指示电路原理图如图 14-13 所示。

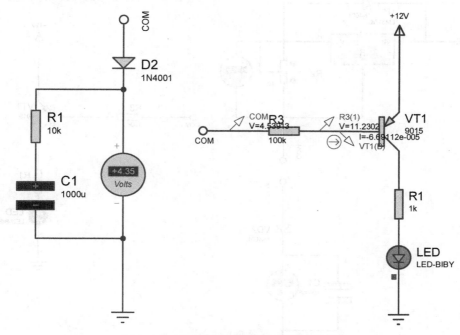

图 14-11　调整负载后恒流值充电过程仿真

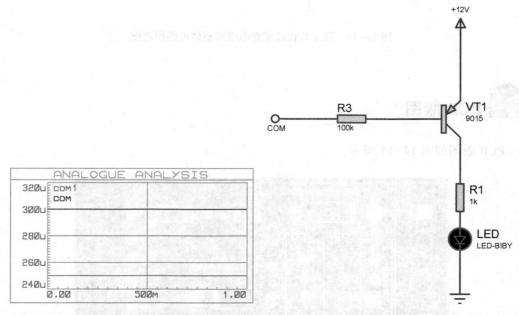

图 14-12　调整负载后恒流值充电输出波形　　　图 14-13　充电指示电路原理图

固定式恒流源充电电路整体电路原理图如图 14-14 所示。

经过测试，输入 12V 电压，R_2 为 8Ω 时输出电流值恒定为 300μA。根据设计要求，实测结果基本符合设计要求。

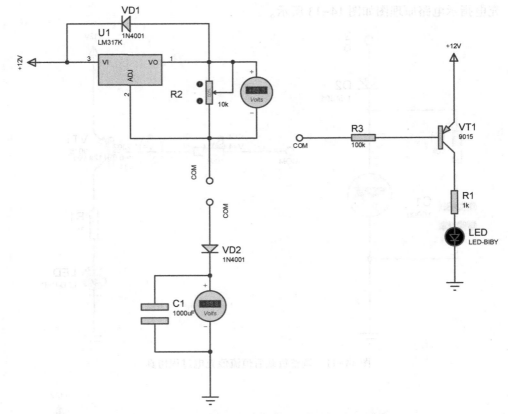

图 14-14　固定式恒流源充电电路整体电路原理图

PCB 版图

PCB 版图如图 14-15 所示。

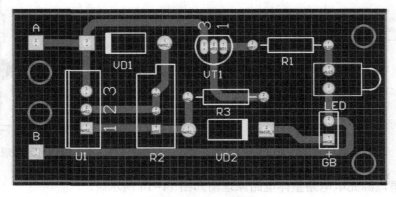

图 14-15　PCB 版图

实物测试

固定式恒流源充电电路实物图如图 14-16 所示，固定式恒流源充电电路测试图如图 14-17 所示。

图 14-16　固定式恒流源充电电路实物图

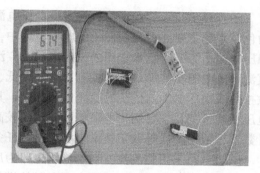

图 14-17　固定式恒流源充电电路测试图

 思考与练习

（1）什么是恒流充电？其主要应用有哪些？

答：电流维持在恒定值的充电称为恒流充电，它是一种广泛采用的充电方法。蓄电池的初充电、运行中蓄电池的容量检查、运行中牵引蓄电池的充电及蓄电池极板的化成充电，多采用恒流或分阶段恒流充电。

（2）电路中二极管的作用是什么？

答：电路中的二极管是保护二极管。在电路短路时会产生较大的电流，为了避免造成元器件的损坏，应选用 1N4000 系列的二极管。

 特别提醒

（1）本项目为恒流源充电电路，切勿使用交流充电电源，否则会损坏电路。

（2）本项目中三极管充当开关并具有判断作用，根据需要选取 PNP 型三极管。注意不要接入类似封装的 NPN 型三极管，否则会因为极性的不同而导致电路不能正常工作。

（3）注意稳压管是有极性的，焊接时要注意极性，否则电路功能将出现混乱。

（4）注意 R_3 阻值的选取，本项目中 R_3 为 100kΩ，实际应用中应根据待充电源的电压值做微小的调整。

项目 15　数控直流稳压电源电路设计

随着科学技术的发展，数控直流稳压电源在人们的工作、科研、生活、学习中扮演的角色越来越重要。在我们使用的电子电路中，多数都需要稳定的直流电源进行供电。直流稳压电源作为电子技术常用的设备之一，广泛地应用于教学、科研等领域。传统的多功能直流稳压电源功能简单、难控制、可靠性低、干扰大、精度低且体积大。本项目所介绍的数控直流稳压电源与传统的稳压电源相比，具有操作方便、电压稳定度高等特点，其输出电压精确可测，主要用于电源精度要求比较高的设备或科研实验。此外，本项目采用可逆计数器、数模转换等数字技术来实现设计任务，具有制作简易、成本低廉等特点。

整个电路采用整流滤波初步稳压电路为后面的处理电路提供稳定电压，采用 4 位二进制可逆加减计数器 74LS193 输出可以随按键触发而加减的 4 位二进制数字量，通过数模转换电路将数字量转换为模拟电压。后续为电压调整电路，包括反相放大电路和反相求和运算电路，将模拟电压值放大调整。如果需要更换电压源的 13 个挡位的输出电压值，可以通过计算调节电压调整电路的电位器达到改变电压挡位的目的。最后为输出稳压电路，设计一个输出可调的稳压电路，使其输出跟随调整后的电压变化，达到稳压电源的设计要求。

 ## 设计任务

设计一个直流稳压电源电路，并且能通过按键控制电路输出的稳定电压值。

 ## 基本要求

☺ 按下 ADD 键，电源电路输出电压值增加。
☺ 按下 DEC 键，电源电路输出电压值减小。
☺ 电源电路输出电压值共有 13 个挡位。
☺ 可以通过调节电压调整部分的两个电位器来调整 13 个挡位的电压值。

系统组成

数控直流稳压电源电路系统分为以下六部分。
☺ 整流滤波稳压电路：为后续各模块电路供电。

☺ 数字量控制电路（简称数控电路）：输出可以随按键触发而加减的 4 位二进制数字量。

☺ 数模转换电路：将 74LS193 输出的数字量转换为模拟量，便于后续电压调整电路调整电压。

☺ 反相放大电路：将模拟电压放大 2 倍。

☺ 反相求和运算电路：进一步调整电压值，可以通过计算调节两个电位器的值改变输出电压的挡位值。

☺ 输出稳压电路：使电路的输出随着调整后的电压变化，并且达到了输出稳压的效果。

系统模块框图如图 15-1 所示。

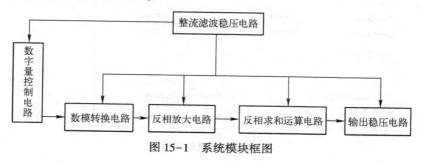

图 15-1　系统模块框图

 模块详解

1. 整流滤波稳压电路

整流滤波稳压电路由带中心抽头的变压器，桥式整流电路，电容滤波电路，三端稳压器 7818、7918、7809、7909、7805 及滤波电容组成。变压器将市电降压，利用两个半桥轮流导通，形成信号的正半周和负半周。电路在三端稳压器的输入端接入电解电容（1000μF）用于电源滤波，其后并入电解电容（4.7μF）用于进一步滤波。在三端稳压器输出端接入电解电容（4.7μF）用于减小电压纹波，而并入陶瓷电容（0.1μF）用于改善负载的瞬态响应并抑制高频干扰。经过滤波后三端稳压器 7818 输出端电压为 +18V，7918 输出端电压为 -18V，7809 输出端电压为 +9V，7909 输出端电压为 -9V，7805 输出端电压为 +5V。与此同时，在各供电电源处加入测试点以便调试。整流电路原理图如图 15-2 所示。

整流电路输出波形用示波器监视，如图 15-3 所示。

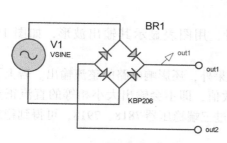

图 15-2　整流电路原理图

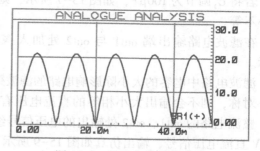

图 15-3　整流电路输出波形

交流电压设定如图 15-4 所示，为了模仿市电经降压后的输入电压，将电压输入设置为 50V，频率设置为 50Hz。

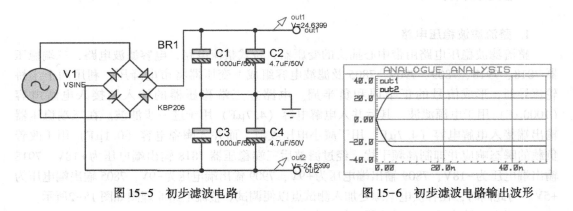

图 15-4 交流电压设定

验证滤波电路的效果，以初步滤波电路（见图 15-5）为例进行分析。

初步滤波电路输出波形用示波器监视，如图 15-6 所示。

图 15-5 初步滤波电路　　　　图 15-6 初步滤波电路输出波形

若将 C_1 调节为 100μF，如图 15-7 所示，则会导致电路输出端 out1 与 out2 处输出电压大小不等。

在滤波电路输出端 out1 与 out2 处加入探针，用图表显示其输出波形，如图 15-8 所示。

滤波电路中电容的大小除影响电路的滤波效果外，还影响电路的整流输出。若上下电路不对称，则不会输出大小相等的直流电压有效值，即不会输出大小相等的直流正负电压。整流电路的 out1、out2 处输出的电压信号经过三端稳压器 7818、7918，可得到稳定的 ±18V 直流电压信号，输出仿真如图 15-9 所示。

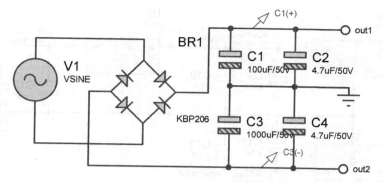

图 15-7　调节 C_1 后的滤波电路

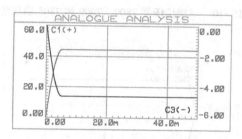

图 15-8　调节 C_1 后滤波电路输出波形

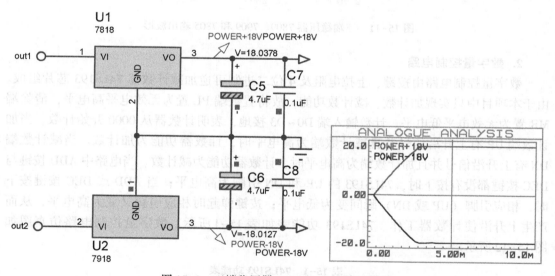

图 15-9　三端稳压器 7818 和 7918 输出仿真

三端稳压器 7818、7918 输出的 ±18V 电压通过三端稳压器 7809、7909 进一步稳压，可得到 ±9V 的直流电压。其中 7809 输出的 +9V 电压再经过稳压器 7805，在 7805 的输出端得到 +5V 的稳定直流供电电压，仿真结果与输出波形分别如图 15-10、图 15-11 所示。

通过灵活运用多个三端稳压器，可将市电 220V 交流电分别转变为 ±18V、±9V、+5V 的直流电压，并以此来对整个电路进行供电。

119

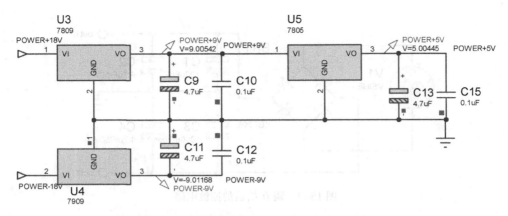

图 15-10　三端稳压器 7809、7909 和 7805 稳压仿真

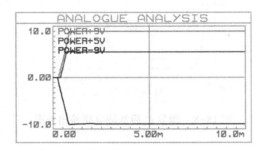

图 15-11　三端稳压器 7809、7909 和 7805 输出波形

2. 数字量控制电路

数字量控制电路由按键、上拉电阻及 4 位二进制可逆加减计数器 74LS193 芯片组成。由于本项目中只实现加计数、减计数功能，故将置数端 PL 置为无效电平高电平，清除端 MR 置为无效电平低电平。计数输入端 D0~D3 接地，表明计数器从 0000 开始计数。当加计数端 UP 有上升沿信号并且减计数端为高电平时，计数器功能为加计数。当减计数端 DN 有上升沿信号并且加计数端为高电平时，计数器功能为减计数。当电路中 ADD 按键与 DEC 按键都没有按下时，74LS193 的 UP 和 DN 引脚为高电平；当 ADD 或 DEC 按键按下时，相应引脚（UP 或 DN）瞬间变为低电平；按键弹起时相应引脚又变为高电平，从而产生上升沿使计数器工作。74LS193 功能表如表 15-1 所示。数字量控制电路仿真图如图 15-12 所示。

表 15-1　74LS193 功能表

MR	PL	UP	DN	MODE
H	X	X	X	Reset
L	L	X	X	Preset
L	H	H	H	No change
L	H	⌐	H	Count Up
L	H	H	⌐	Count Down

电路中可逆加减计数器 74LS193 的 UP 和 DN 引脚在无按键（按键指 ADD 与 DEC）按下时均为高电平。初态如图 15-12 所示。

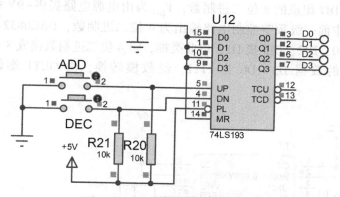

图 15-12　数字量控制电路仿真图

按下一次 ADD 按键时，可逆加减计数器 74LS193 的加计数端 UP 检测到上升沿信号，则当前计数器功能为加计数。输出引脚由低位到高位分别为 D0、D1、D2、D3。这里按下两次 ADD 按键，当前输出值为 0010，如图 15-13 所示。

按下一次 DEC 按键时，计数端 DN 有上升沿信号并且加计数端为高电平，计数器功能为减计数。输出引脚由低位到高位分别为 D0、D1、D2、D3。这里按下一次 DEC 按键，当前输出值为 0001，如图 15-14 所示。

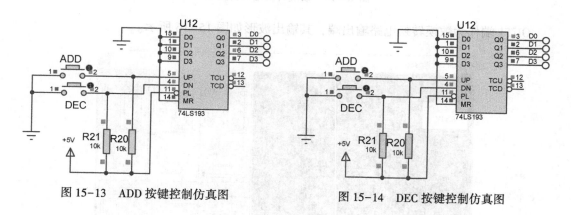

图 15-13　ADD 按键控制仿真图　　　　　图 15-14　DEC 按键控制仿真图

3. 数模转换电路

DAC 模块是整个系统的纽带，将控制部分的数字量转变为电压调整部分的模拟量。这部分电路由数模转换芯片 DAC0832 和运算放大器 LM324 组成。DAC0832 主要由 8 位输入寄存器、8 位 DAC 寄存器、8 位 DA 转换器及输入控制电路四部分组成。8 位 DA 转换器输出与数字量成正比的模拟电流。本设计中 $\overline{WR}$ 和 $\overline{XFER}$ 同时为有效低电平，8 位 DAC 寄存器端为高电平 "1"，此时 DAC 寄存器输出端 DI4~DI7 跟随输入端 DI0~DI3 的电平变化。该数模转换电路采用的是 DAC0832 单极性输出方式，运算放大器 LM324 使得 DAC0832 输出的模拟电流量转变为电压量。

输出电压为

$$V_{out1} = BV_{REF}/256 \tag{15-1}$$

式中，B 为 DI0~DI7 组成的 8 位二进制数；V_{REF} 为由电源电路提供−9V 的 DAC0832 的参考电压。本项目中前一级数字控制电路输出为 4 位二进制数，DAC0832 中待转换的数字量 DI0、DI1 接 D0，DI2、DI3 接 D1，以此类推，将 4 位二进制数接成 8 位输入。

令当前接收的数据 D3~D0 为 1111，经数模转换，由 OUT1 端输出，仿真图如图 15-15 所示。

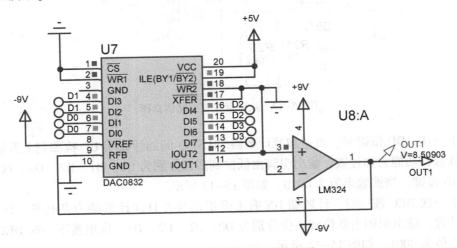

图 15-15　数模转换电路仿真图

OUT1 端作为数模转换电路输出端，其输出波形如图 15-16 所示。

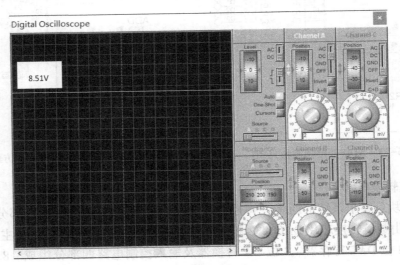

图 15-16　数模转换电路输出波形

4. 反相放大电路

反相放大电路（见图 15-17）由运算放大器 TL084 和相应电阻组成。由于前一级数模转换电路的模拟电压较小，这一级电路选择放大倍数为 2，将前一级模拟电压初步放大。从图 15-18 仿真结果来看，实现了对上级信号的反相 2 倍放大。

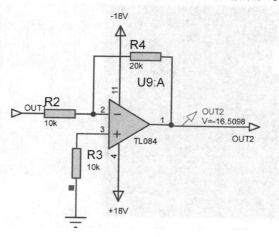

图 15-17　反相放大电路仿真图

5. 反相求和运算电路

该部分电路由运算放大器 TL084 和相应的电阻组成。R7、R8、RV2 用来调整求和电路的另一路输入电压值，RV1 用来调整放大增益，其中输出电压为

$$V_{\text{OUT3}} = -\left(V_{\text{IN3}} + V'\right)\frac{R_{\text{V1}}}{R_5} \tag{15-2}$$

式中，V' 为 R6 左端电压。这部分电路可以进一步调整电路电压的输出值，从而达到改变电路输出电压的挡位值。调节 RV2 可以改变 V' 的值从而改变 V_{OUT3} 的值，调节 RV1 也可以通过改变增益而改变输出电压值。仿真图如图 15-19 所示，当前 R_{V2} 取值为 10kΩ，位置为 72%处；R_{V1} 取值为 10kΩ，位置为 78%处。

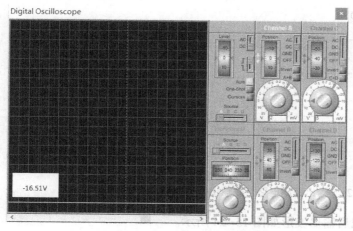

图 15-18　反相放大电路输出波形

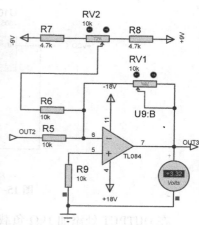

图 15-19　反相求和运算电路仿真图

反相求和运算电路 OUT3 端输出波形如图 15-20 所示。

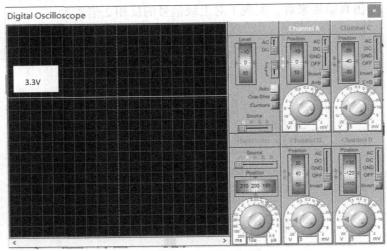

图 15-20　反相求和运算电路 OUT3 端输出波形

6. 输出稳压电路

本电路用于使未经稳压的电源电路输出稳定可调的电压。采用三端稳压器 7805 和运算放大器 NE5532 使得输出电压稳定并且从 0 可调。最终输出电压为

$$V_{\text{OUTPUT}} = \left(1 + \frac{R_{10}}{R_{11}}\right) V_{\text{OUT3}} \tag{15-3}$$

式中，R_{10} 选 100Ω；R_{11} 选 100kΩ。这样最终输出为 1.001 倍调整后的模拟电压，能很好地跟随未经稳压的电压输出。

如图 15-21 所示，当前状态下电路空载输出为 +3.32V 直流电压。OUTPUT 处空载输出波形如图 15-22 所示。在电路输出端 OUTPUT 处接入 1kΩ 负载测试其稳压性能，仿真图如图 15-23 所示。

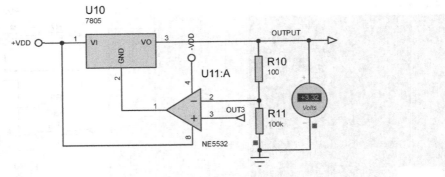

图 15-21　输出稳压电路空载输出仿真图

在 OUTPUT 处添加 1kΩ 负载后输出波形如图 15-24 所示。

在电源输出端添加 1kΩ 负载后，电压输出为 +3.32V，与空载输出电压十分相近。随后，在电路输出端 OUTPUT 处接入 10kΩ 负载进行测试，仿真图如图 15-25 所示。

124

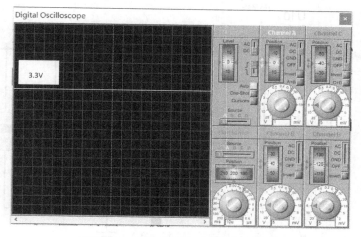

图 15-22　输出稳压电路空载输出波形

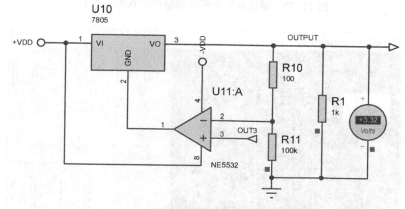

图 15-23　输出稳压电路负载输出仿真图（一）

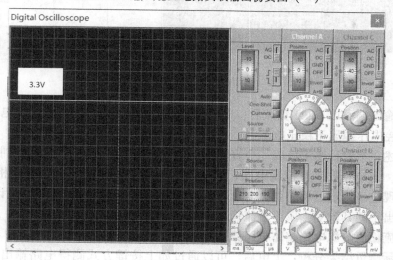

图 15-24　输出稳压电路负载输出波形（一）

在 OUTPUT 处添加 10kΩ 负载后输出波形如图 15-26 所示。

125

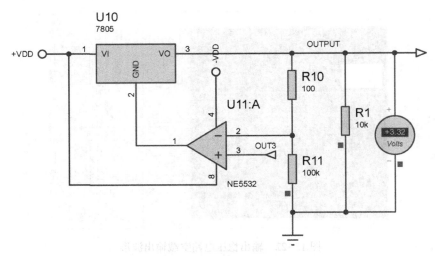

图 15-25　输出稳压电路负载输出仿真图（二）

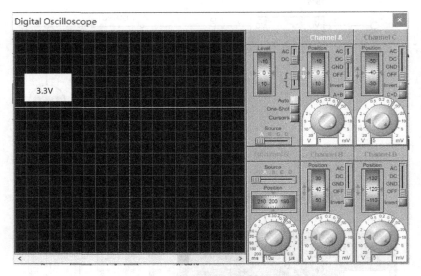

图 15-26　输出稳压电路负载输出波形（二）

在电源输出端添加 10kΩ 负载后，电源输出为 +3.3V，仍然与空载输出电压十分相近，可说明本数控电压源属于稳压电源。

综上所述，本设计要求完成一个直流稳压电源电路，并且能通过按键控制电路输出的稳定电压值。信号经数字量控制电路、数模转换电路、反相放大电路与反相求和运算电路，最后实现输出稳定可调的直流电压。且在负载变化的情况下，本项目设计的数控直流稳压电源输出不随其改变，属于直流稳压电源。

数控直流稳压电源电路整体电路原理图如图 15-27 所示。

电路实际测量结果分析：上电后，可以通过如上按键方式测得电路输出的 13 个不同挡位电压值。本项目满足数控直流稳压电源电路的设计要求。

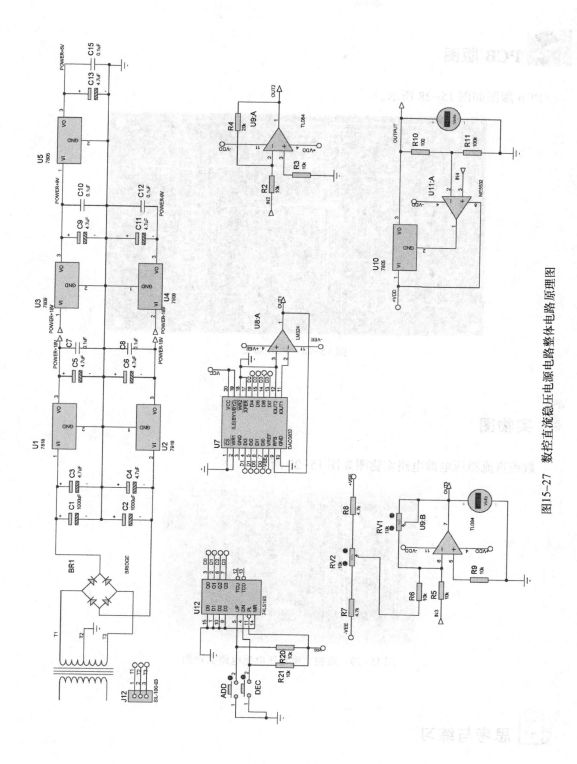

图15-27 数控直流稳压电源电路整体电路原理图

 **PCB 版图**

PCB 版图如图 15-28 所示。

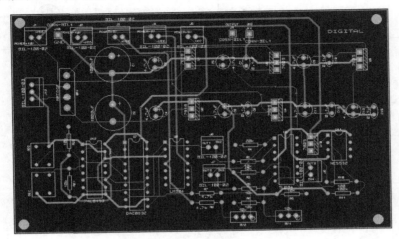

图 15-28　PCB 版图

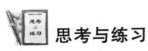 **实物图**

数控直流稳压电源电路实物图如图 15-29 所示。

图 15-29　数控直流稳压电源电路实物图

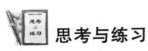 **思考与练习**

（1）反相放大电路中，为什么放大倍数为 2？

答：反相放大电路输出 $V_{OUT2}=-V_{OUT1}\times(R_4/R_2)$，其中 R_4 为 20kΩ，R_2 为 10kΩ，故放大倍数为 2。

（2）怎样实现对 74LS193 进行上升沿触发？

答：硬件电路为 UP 和 DN 引脚接下拉按键和上拉电阻。按键没有按下时，UP 和 DN 引脚为高电平，当非自锁按键按下时，相应引脚瞬间为低电平，按键弹起时相应引脚又为高电平，从而产生了上升沿信号使计数器工作。

（3）输出稳压电路中，为什么 R_{10} 选 100Ω 的阻值，R_{11} 选 100kΩ 的阻值？

答：由公式 $V_{OUTPUT}=\left(1+\dfrac{R_{10}}{R_{11}}\right)V_{OUT3}$ 可得，当 R_{10} 选择较小而 R_{11} 选择较大时，稳压输出可以仅仅跟随调整后的电压变化，前者为后者的 1.001 倍，输出误差较小。

特别提醒

（1）如果想改变输出电压的挡位值，可以调节变阻器 RV1 和 RV2。

（2）由于本电路器件较多，可以选择分模块焊接，如先焊接好电源电路，测试工作正常后再进行下一步焊接。

项目 16　可调式倍压器直流稳压电源电路设计

一些需用高电压、小电流的地方，常常使用倍压整流电路。倍压整流可以把较低的交流电压，用耐压较高的整流二极管和电容器，"整"出一个较高的直流电压。倍压整流电路一般按输出电压是输入电压的多少倍，分为二倍压、三倍压与多倍压整流电路。本项目利用可调的输入电源电压进行供电，通过多谐振荡电路输出一个方波，再通过倍压整流电路将输出的电压进行二倍放大，从而达到系统要求。将 NE555 电路产生的振荡脉冲，通过二极管整流电路整流后向电容充电，使电容充电至电源电压，将这样的整流充电电路逐级连接，就可以得到二倍、四倍甚至多倍于电源电压的升压电路，且可以实现输出可调。

 设计任务

设计一个简单的直流稳压电源，将直流电压+12V 经过可调电源电路输出在一定范围内变化的电压，再经过二倍倍压器输出稳定变化的直流电压。

 基本要求

☺ 能够输出稳定可调的直流稳压电源。
☺ 采用二倍倍压器电路产生稳定的直流电压。

系统组成

可调式倍压器直流稳压电源电路系统主要分为以下三部分。
☺ 可调电源电路：利用 LM317 输出可调电压。
☺ 多谐振荡电路：利用 NE555 定时器连接成一个多谐振荡器。振荡频率为 2kHz。
☺ 倍压整流电路：将较低的电压通过电容的储能作用输出一个较高的电压。
系统模块框图如图 16-1 所示。

图 16-1　系统模块框图

**模块详解**

1. 可调电源电路

首先利用 LM317T 构成一个输出在一定范围可调的直流稳压电源。

三端稳压器选择 LM317T（输出电流为 1.5A，输出电压可在 1.25～37V 之间连续调节），其输出电压由外接电阻 R4、R5、RV1 决定，输出电压可在 +4～+9V 之间变化。输出端和调整端之间的电压差为 1.25V。在输出端同时并入二极管 D3（型号为 1N4001），当三端稳压器未接入输入电压时可保护其不至损坏。

三端稳压器在输出脚（图 16-2 中的 2 脚）电压高于输入脚（图 16-2 中的 3 脚）电压时最易形成击穿而损坏，因此一般像图 16-2 中那样并联一个二极管 1N4001。其主要作用是：如果输入端出现短路，则输出 2 脚电压会高于输入 3 脚电压，很容易击穿三端稳压器，所以反向并联一个二极管，对 1 脚电压进行泄放，使 2 脚到 3 脚电压限幅为 0.7V，可有效保护三端稳压器不被反向击穿。

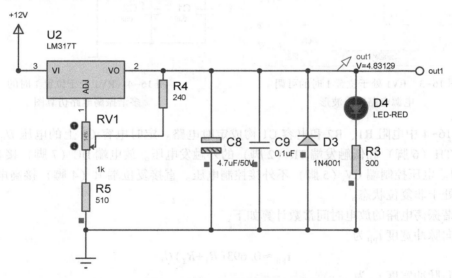

图 16-2　RV1 处于位置 1 时的可调电源电路原理图

在三端稳压器输出端接入电解电容 $C_8 = 4.7\mu F$ 用于减小电压纹波，而并入陶瓷电容 $C_9 = 0.1\mu F$ 用于改善负载的瞬态响应并抑制高频干扰（陶瓷小电容电感效应很小，可以忽略，而电解电容因为电感效应在高频段比较明显，所以不能抑制高频干扰）。当 RV1 处于位置 1（14%）时，可调电源电路原理图如图 16-2 所示，可调电源电路输出波形如图 16-3 所示。可见，此时三端稳压器输出端 out1 输出大小为 +4.83V 的直流电压。

2. 多谐振荡电路

要使由 out1 端输入的直流电压转换为要求输出的负电压，首先要进行逆变式的转换。利用的主要核心器件是 NE555 定时器。

RV1 处于位置 1 时的多谐振荡电路仿真图如图 16-4 所示，其中 R1、R2 和电容 C1 为外接元件。根据 NE555 定时器的工作原理可知，电容充电时，定时器输出高电平；电容放电时，定时器输出低电平。电容不断地进行充放电，在输出端便可获得规律的矩形方波。振荡频率取决于 R_1、R_2 和 C_1，选择 R_1、R_2、C_1 值分别为 15kΩ、27kΩ 和 10nF。多谐振荡器无外部信号输入便可输出矩形波，其实质就是将直流电压变为交流电压。

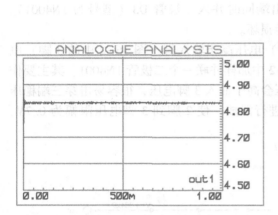

图 16-3　RV1 处于位置 1 时的可调
电源电路输出波形

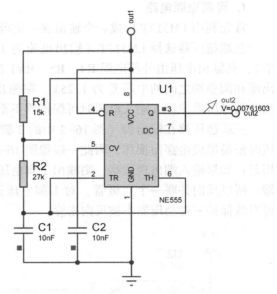

图 16-4　RV1 处于位置 1 时的
多谐振荡电路仿真图

图 16-4 中电阻 R1、R2 和电容 C1 构成定时电路。定时电容 C1 上的电压 U_C 作为高触发端 TH（6 脚）和低触发端 TR（2 脚）的外触发电压。放电端 DC（7 脚）接在 R1 和 R2 之间。电压控制端 CV（5 脚）不外接控制电压。直接复位端 R（4 脚）接高电平，使 NE555 处于非复位状态。

多谐振荡电路的放电时间常数计算如下。

正向脉冲宽度 t_PH 为

$$t_\mathrm{PH} \approx 0.693(R_1 + R_2)C_1 \tag{16-1}$$

负向脉冲宽度 t_PL 为

$$t_\mathrm{PL} \approx 0.693R_2C_1 \tag{16-2}$$

输出信号的振荡周期 T 可由式（16-3）得出，有

$$T = t_\mathrm{PH} + t_\mathrm{PL} \tag{16-3}$$

由式（16-3）可知，NE555 3 脚输出信号振荡周期 T 为 0.00048s，频率为 2kHz。

此时，多谐振荡电路输出波形如图 16-5 所示。

如仿真结果所示，NE555 输出信号周期约为 0.5ms，与计算结果吻合。

3. 倍压整流电路

如图 16-6 所示，当 NE555 输出电压处于负半周期时，D2 导通，D1 截止，C3 充电，C3 电压最大值可达 V_m；当 NE555 输出电压处于正半周期时，D1 导通，D2 截止，C4 充电。由于电荷的储存作用，可以使 C4 电压变为 NE555 输出电压的 2 倍，从而达到要求。

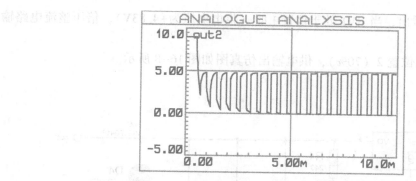

图 16-5　RV1 处于位置 1 时的多谐振荡电路输出波形

其实图 16-4 中 C2 的电压无法在一个半周期内充至 $2V_m$，它必须在几个周期后才可逐渐趋近于 $2V_m$。

最终输出电压由 out1 与 out2 两部分叠加而成。对 RV1 处于位置 1（14%）时的倍压整流电路进行空载仿真，如图 16-6 所示。

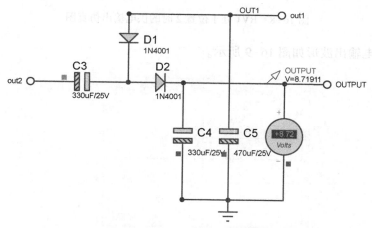

图 16-6　RV1 处于位置 1 时的倍压整流电路空载仿真图

此时，倍压整流电路空载输出波形如图 16-7 所示。

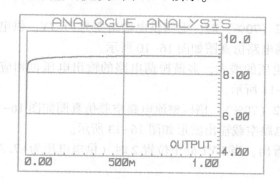

图 16-7　RV1 处于位置 1 时的倍压整流电路空载输出波形

133

由图 16-6 可以看出，当 RV1 处于位置 1 时（供电电压为+4.83V），倍压整流电路输出+8.72V 直流电压。

再次调节 RV1 至位置 2（70%），供电输出仿真图如图 16-8 所示。

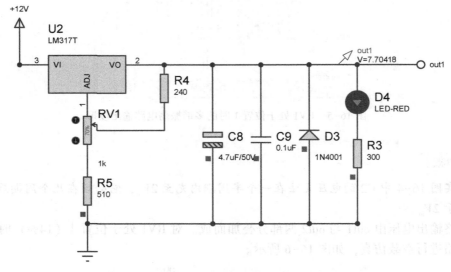

图 16-8　RV1 处于位置 2 时的供电输出仿真图

此时，供电输出波形如图 16-9 所示。

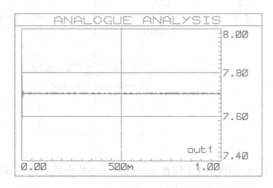

图 16-9　RV1 处于位置 2 时的供电输出波形

调节 RV1 至位置 2（70%）时，电路供电输出变为+7.7V。供电电压由 out1 端接入多谐振荡电路，多谐振荡电路仿真图如图 16-10 所示。

由于 out1 端接入电压的增大，多谐振荡电路的输出电压也相应增大，此时多谐振荡电路输出波形如图 16-11 所示。

调节 RV1 至位置 2（70%），倍压整流电路空载仿真图如图 16-12 所示。

此时，倍压整流电路空载输出波形如图 16-13 所示。

由图 16-12 可以看出，当 RV1 处于位置 2 时（供电电压为+7.7V），倍压整流电路输出+14.5V 直流电压。

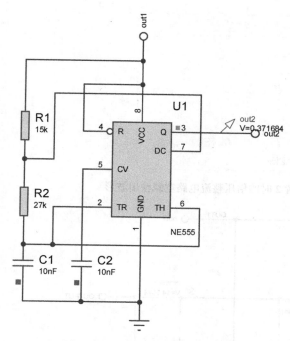

图 16-10　RV1 处于位置 2 时的
多谐振荡电路仿真图

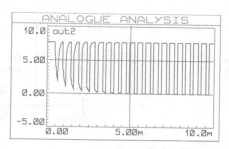

图 16-11　RV1 处于位置 2 时的
多谐振荡电路输出波形

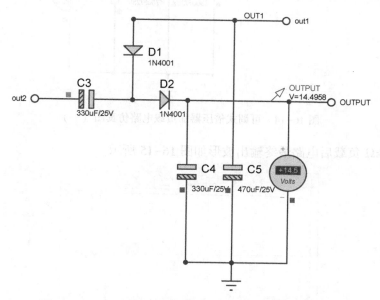

图 16-12　RV1 处于位置 2 时的倍压整流电路空载仿真图

　　在电路输出端 OUTPUT 处加入 100kΩ 负载进行测试，其电路仿真图如图 16-14 所示。

　　在电路输出端添加 100kΩ 负载后，电源输出为 14.3V，与空载输出电压十分相近，满足设计指标要求。

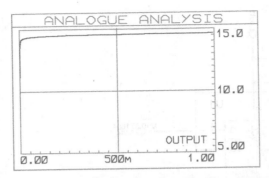

图 16-13　RV1 处于位置 2 时的倍压整流电路空载输出波形

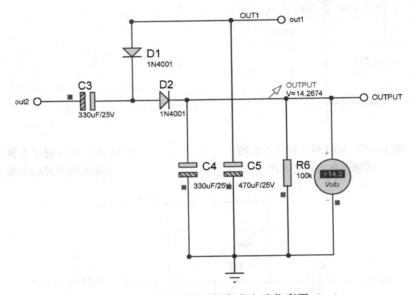

图 16-14　可调式倍压器加负载电路仿真图（一）

加入 100kΩ 负载后电路最终输出波形如图 16-15 所示。

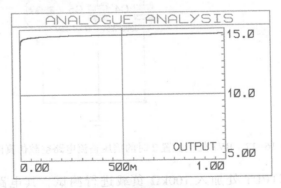

图 16-15　可调式倍压器加负载输出波形（一）

在电路输出端 OUTPUT 处加入 500kΩ 负载进行测试，其电路仿真图如图 16-16 所示。
加入 500kΩ 负载后电路最终输出波形如图 16-17 所示。

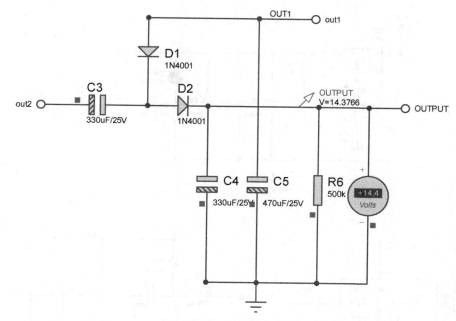

图 16-16　可调式倍压器加负载电路仿真图（二）

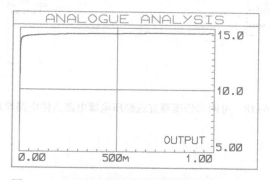

图 16-17　可调式倍压器加负载输出波形（二）

在电路输出端添加 500kΩ 负载后，电源输出为 +14.4V，与空载输出电压十分相近，可说明本倍压器电源属于稳压电源。

综上所述，本项目首先通过可调电源电路使输出电压在 +4~+9V 之间可调，然后通过多谐振荡电路输出一个方波，再通过倍压整流电路将输出的电压进行 2 倍放大，从而达到系统要求。将 NE555 电路产生的振荡脉冲通过二极管整流电路整流后向电容充电，使电容充电至电源电压，将这样的整流充电电路逐级连接，就可以得到 2 倍于输入的直流输出电压。

可调式倍压器直流稳压电源电路整体电路原理图如图 16-18 所示。

经过对电路板进行实测，输入 +12V 直流稳压源，当前端可调电源电路输出为 4.08V 时，倍压器输出为 7.41V；当前端可调电源电路输出为 5.07V，倍压器输出为 8.92V；当前端可调电源电路输出为 9.19V，倍压器输出为 17.02V。电路输出可在 7.41~17.02V 之间变化。设计要求输入 +12V 电压经二倍倍压器输出 8~18V 直流电压，实测基本符合设计要求。

137

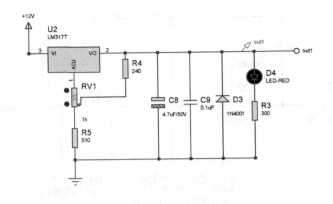

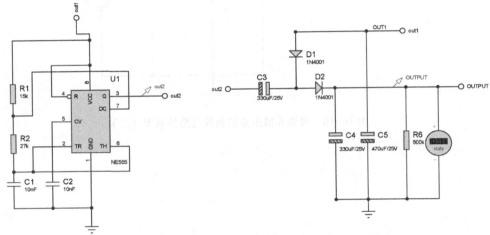

图 16-18　可调式倍压器直流稳压电源电路整体电路原理图

 ## PCB 版图

PCB 版图如图 16-19 所示。

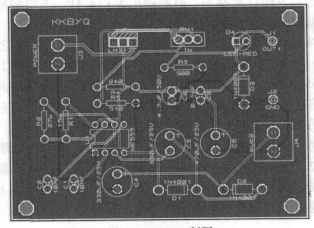

图 16-19　PCB 版图

 **实物测试**

可调式倍压器直流稳压电源电路实物图如图 16-20 所示，可调试倍压器直流稳压电源电路测试图如图 16-21 所示。

图 16-20　可调式倍压器直流稳压
电源电路实物图

图 16-21　可调试倍压器直流稳压
电源电路测试图

 思考与练习

（1）NE555 定时器在电源电路中的典型应用有哪些？

答：典型应用包括单电源变双电源、直流倍压电源、负电压产生电源、逆变电源等。

（2）倍压整流电路中对二极管有什么要求？

答：正半周时，二极管 D1 所承受的最大逆向电压为 $2V_m$；负半周时，二极管 D2 所承受的最大逆向电压也为 $2V_m$，所以电路中应选择 PIV（反向峰值电压）$>2V_m$ 的二极管。

（3）在倍压电路中如何选取电容？

答：倍压电路中电容的取值可以不同，可以通过减小某些对输出影响不大的电容来达到节约成本、减小电路体积的目的。要使其能通过参数组合达到良好的倍压效果。

 特别提醒

故障分析：当 D1 和 D2 中有一个开路时，都不能得到二倍的直流电压；当 D2 短路时，倍压整流电路没有直流电压输出；当 C3 开路时，倍压整流电路也没有直流电压输出，当 C3 漏电时，倍压整流电路的直流输出将下降，当 C3 击穿时，倍压整流电路只相当于半波整流电路，没有倍压整流功能。

项目 17　恒压源充电电路设计

　　恒压源充电电路的意义是指输出电压恒定，且不随负载变化而变化，具有很高的稳定性及安全性，广泛用于工业控制、设备、机器、仪器等电子设备。恒压源的实质是利用器件对电压进行反馈，动态调节设备的供电状态，从而使得电压趋于恒定。只要能够得到电压，就可以有效形成反馈，从而建立恒压源。再用三极管、LED 等构成充电指示电路，反映电池的充电情况。本项目设计一个简单的恒压源充电电路，在一定的电压范围内实现对充电电池的充电，要求能够设定输出恒定电压值，并且输出电压在 2.5~5.25V 之间可调。用 LED 指示灯反映充电情况。利用 LM317T 与 TL431 实现对充电电池的恒定电压充电。

 ## 设计任务

　　设计一个简单的恒压源充电电路，在一定的电压范围内实现对充电电池的充电。

 ## 基本要求

☺ 在 R_{P1} 值确定时，要求能够设定输出恒定电压值，并且输出电压在 2.5~5.25V 之间可调。
☺ 选择适当的 R_{P1} 值，当电池达到规定的充电电压时，LED 指示灯熄灭。

系统组成

　　恒压源充电电路系统主要分为以下两部分。
☺ 前置电路（稳压电路）：为充电电路提供稳定的电压。
☺ 恒压充电电路：实现恒压充电，并能够对电压进行调节。
　　系统模块框图如图 17-1 所示。

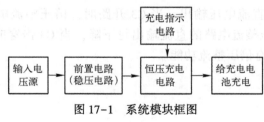

图 17-1　系统模块框图

140

模块详解

1. 前置电路

这个模块包括输入部分和滤波部分。输入部分由 9V 电源供电,由电压源或电池提供电压。100μF/50V 电解电容的作用是滤波,在现实中,为了不使电路各部分供电电压因负载不同而发生变化,会在电源的输出端及负载的电源输入端分别焊接十至数百微法的电解电容。当 9V 电源接入电路时 D4 指示灯亮。前置电路仿真图如图 17-2 所示。

2. 恒压充电电路

这是电源芯片和它的外围电路,核心器件为三端稳压器 LM317T,功能主要是稳定电压信号,以便提高系统的稳定性能和可靠性能。

LM317T 由 VI 端提供工作电压,用极小的电流调整 ADJ 端的电压,便可在 VO 端得到比较大的电流输出。

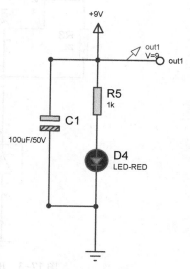

图 17-2 前置电路仿真图

还可以通过调整 ADJ 端(1 端)的电阻值改变输出电压。所以,当 ADJ 端的电阻值增大时,输出电压将会升高。

注意

LM317T 有一个最小负载电流的问题,即只有负载电流超过某一数值时,它才能起到稳压的作用。随器件生产厂家的不同,这个电流在 3~8mA 不等,可以通过在负载端口外接一个合适的电阻来解决。TL431 是一个稳压器,可以通过调节内部三极管的导通量,调节外部输出,使基准电压保持在 2.5V。TL431 的 1 脚连接电位器,是为了防止电池电压反冲。

当 RP1 处于位置 1(70%)时,可调稳压电路仿真图如图 17-3 所示。

电路中恒压电路由 TL431、RP1、R4 组成,调节 R_{P1} 的大小就可以改变恒压电压的高低,可调节输出电压在 2.5~7.4V 之间变化。输出电压为

$$U_o = \left(1 + \frac{R_{P1}}{R_4}\right) \times 2.5 \qquad (17-1)$$

式中,2.5V 为 TL431 提供的基准电压。这样就可以从输出端输出恒定电压与恒定电流。根据式(17-1),计算充电恒压大小为+3.25V。输出波形如图 17-4、图 17-5 所示。

恒压输出由基准电压与连入电阻上的电压叠加而成,输出波形如图 17-6 所示。

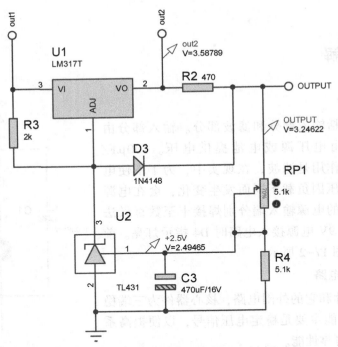

图 17-3　RP1 处于位置 1 时的可调稳压电路仿真图

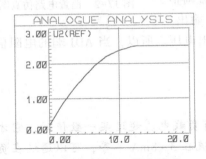

图 17-4　基准电压输出波形

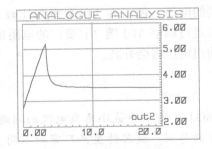

图 17-5　稳压器输出波形

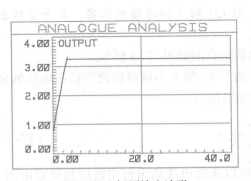

图 17-6　恒压输出波形

如上所示，由 TL431 产生的基准电压稳定在 2.5V。在电位器 RP1 处于位置 1（70%）时，三端稳压器输出端 out2 输出约+3.59V 直流电压。此时电路输出端 OUTPUT 可输出大小约为+3.25V 的恒压。

利用输出的恒流与恒压给电池充电，这里用 10000μF 的电解电容模拟电池，其内阻为 10Ω。充电过程仿真图如图 17-7 所示。在充电过程中由于 out2 端与节点存在足够的压降，此时指示灯点亮。由于充电作用 R1 处电压不断增大，最终使得 out2 端与节点处压降为零，指示灯熄灭。充电电池两端电压如图 17-8 所示。可见电池充电完毕时两端电压值从 0V 增至 2.72V。

142

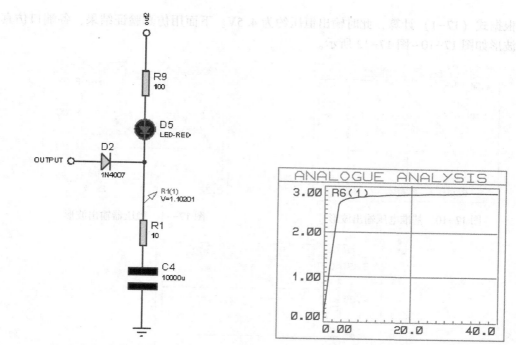

图 17-7　充电过程仿真图

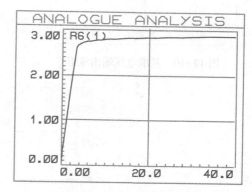

图 17-8　充电电池两端电压

　　将 RP1 调节至位置 2（20%）处，三端稳压器调整端电压改变，导致输出端 out2 电压减小。除此之外，此时由于电位器连入阻值改变，输出恒压与恒流增大。仿真图如图 17-9 所示。

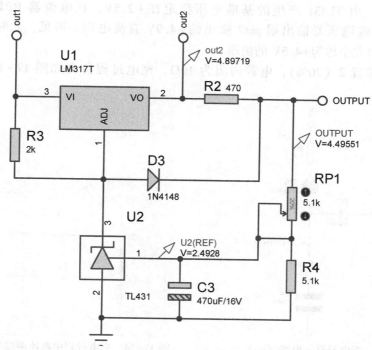

图 17-9　RP1 处于位置 2 时的可调稳压电路仿真图

根据式（17-1）计算，此时输出恒压约为 4.5V。下面用仿真验证结果，各端口仿真输出波形如图 17-10~图 17-12 所示。

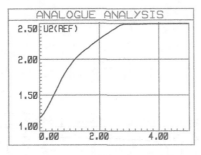

图 17-10　基准电压输出波形

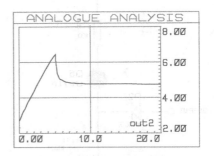

图 17-11　稳压器输出波形

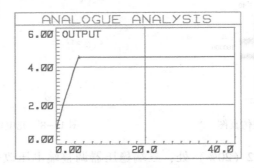

图 17-12　恒压输出波形

如上所示，由 TL431 产生的基准电压稳定在 +2.5V。在电位器 RP1 处于位置 2（20%）时，三端稳压器输出端 out2 输出约 +4.9V 直流电压。可见，此时电路输出端 OUTPUT 可输出大小约为 +4.5V 的恒压。

RP1 处于位置 2（20%），电源内阻为 10Ω，充电过程仿真如图 17-13、图 17-14 所示。

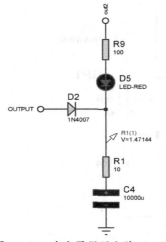

图 17-13　充电及显示电路（一）

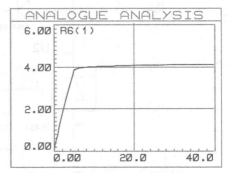

图 17-14　充电过程中电池两端电压（一）

如图 17-13、图 17-14 所示，充电时 LED 灯 D5 发光，电池两端电压逐步充满时，充电电流慢慢减小，电路中 LM317T 输入端与输出端之间的电压也慢慢下降，使 D5 熄灭。随后，将电源内阻调整为 100Ω，充电过程仿真如图 17-15、图 17-16 所示。

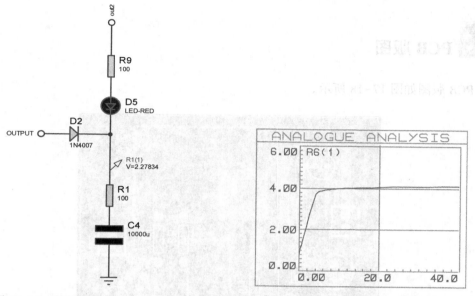

图 17-15　充电及显示电路（二）　　　图 17-16　充电过程中电池两端电压（二）

当加在电路输出两端的负载 R_1 改变至 100Ω 时，同样，充电时 LED 灯 D5 发光，电池充电所需时间变长，充电完毕后电流会逐步减小。电路中 LM317T 输入端与输出端之间的电压下降，导致 D5 熄灭。

可见，使 RP1 置于位置 2（20%）时，电路可输出 4.5V 恒定直流电压，实现了充电恒压可调功能，且输出值不随负载变化而变化。所以，可知本电路为恒压源充电电路。

恒压源充电电路整体电路原理图如图 17-17 所示。

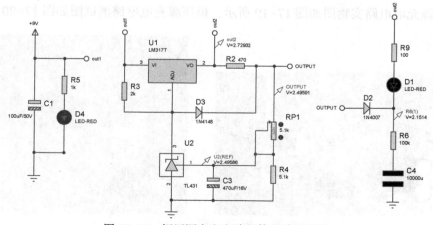

图 17-17　恒压源充电电路整体电路原理图

145

经过实际测试，输入+9V 电压，适当调节电位器 RP1，电池两端输出电压为恒定可调的 2.66~5.08V。设计要求输出稳定电压值 2.5~5.25V 对电池进行充电，实测符合设计要求。

 PCB 版图

PCB 版图如图 17-18 所示。

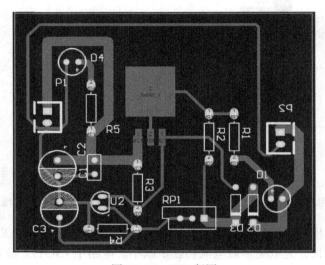

图 17-18　PCB 版图

 实物测试

恒压源充电电路实物图如图 17-19 所示，恒压源充电电路测试图如图 17-20 所示。

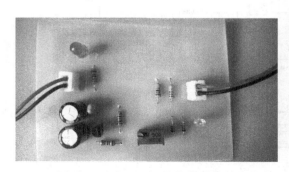

图 17-19　恒压源充电电路实物图

图 17-20　恒压源充电电路测试图

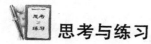 **思考与练习**

（1）为什么采用 LM317T？除了 LM317T 外还可以采用什么芯片？采用哪个更好？

答：LM317T 是可调节三端正电压稳压器，在输出电压范围为 1.2～37V 时能够提供超过 1.5A 的电流。除了采用 LM317T 外，还可以采用 7805。两种电路构成一致，但采用 LM317T 时恒流效果更好，前者是固定输出稳压 IC，后者是可调输出稳压 IC，两种芯片的售价又相近，因而采用 LM317T 更为合理。

（2）什么是恒流充电？其主要应用有哪些？

答：电流维持在恒定值的充电称为恒流充电。它是一种广泛采用的充电方法。蓄电池的初充电、运行中蓄电池的容量检查、运行中牵引蓄电池的充电及蓄电池极板的化成充电，多采用恒流或分阶段恒流充电。

（3）电路中二极管的作用是什么？

答：电路中的二极管是保护二极管。在电路短路时会产生较大的电流，为了避免造成元件的损坏，应选用 1N4000 系列的二极管。

 特别提醒

（1）本项目为恒压源充电电路设计，切勿使用交流电源，否则会损坏电路。

（2）注意稳压管是有极性的，焊接时要注意极性，否则电路功能将出现混乱。

项目 18　压控恒流源电路设计

压控恒流源是一种常用可控恒流源。与恒压的概念相比，恒流的概念难理解一些，因为日常生活中恒压源是多见的，蓄电池、干电池是直流恒压电源，因为它们的输出电压基本不变，是不随输出电流的大小而大幅变化的。而只有当负载电阻小到一定的程度，使电源输出电流达到恒流值时，电源才真正处于恒流工作状态，随着负载电阻值的逐步减小，输出电压也按规律下降，以保持输出电流恒定不变。这就是恒流的概念。恒流源是一种宽频谱、高精度交流稳流电源，具有响应速度快、恒流精度高、能长期稳定工作、适合各种性质负载（阻性、感性、容性）等优点，一般用于检测热继电器、塑壳断路器、小型短路器及需要设定额定电流、动作电流、短路保护电流等生产场合。本项目就是设计一个恒流源，其输出恒流大小可通过调节输入电压来控制。

通过 TL431 设计一个可调电源电路，其输出电压用可调电位器就可以在 0～100mV 范围内任意设置，并用运算放大器和三极管设计恒流源输出电路。

这里恒流源通常使用一个运算放大器作为反馈，同时使用场效应管避免三极管的 b-e 电流导致的误差。恒流源有个定式，就是利用一个电压基准，在电阻上形成固定电流。有了这个定式，恒流源的搭建就可以扩展到所有可以提供这个"电压基准"的器件上，常用的电压基准有 TL431。设计电路首先产生一个基准电压输入运算放大器的输入端，通过负反馈作用，根据变压器输出端之间的关系，保持输出电流的恒定。

设计任务

设计一个简单的基准电压可调电源电路和恒流源电路，通过调节输入电压来控制输出电流的大小，其大小为 0～45mA。

基本要求

输出电流大小可调，且不因负载变化而变化。

系统组成

压控恒流源电路系统主要分为以下两部分。

148

☺ 基准电压输出电路：产生恒流源需要利用一个电压基准，在电阻上形成一定电流，这里利用 TL431 产生基准电压。

☺ 恒流源产生电路：利用电压跟随器，产生恒定输出电压，稳定电压除以电位器阻值产生可调电流。

系统模块框图如图 18-1 所示。

图 18-1　系统模块框图

 模块详解

1. 基准电压输出电路

基准电压 V_{REF}（2.5V）由 TL431 产生，所以当在 REF 端引入输出反馈时，器件可以通过从阴极到阳极很宽范围的分流控制输出电压。这个基准电压由 R3 和 RV1 分压后输出设置 out1 端电位，来调节恒流源所需输出电流。其输出的基准电压为

$$V_o = (1 + R_1/R_2)V_{REF} \tag{18-1}$$

选取 R_{V1} 为 2kΩ 并调整至位置 1（30%）处，基准电压输出电路仿真图如图 18-2 所示。

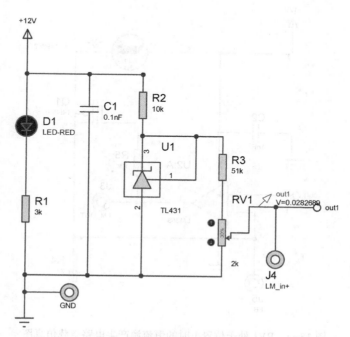

图 18-2　RV1 处于位置 1 时的基准电压输出电路仿真图

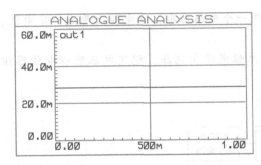

图 18-3 RV1 处于位置 1 时的
基准电压输出波形

用图表显示当前输出波形，如图 18-3 所示。

如图 18-2 所示，当 RV1 处于位置 1 时，可以在基准电压输出电路输出端 out1 处得到稳定的直流基准电压，大小约为 28.3mV。该输出信号由 TL431 输出的 2.5V 经 R3 与 RV1 分压后得到。

2. 恒流源产生电路

基准电压输出电路的输出端 out1 处输出稳定的 28.3mV 基准电压至运算放大器的输入端。根据虚短关系，LM_in+端的电压与 FB 端电压相等，电压值为 28.3mV。当场效应管导通时，电流 I_{out} 可以根据式（18-2）计算：

$$I_{out} = V_{REF}/R_2 \tag{18-2}$$

则输出电流可计算，大小为 14.9mA。

电路中场效应管选择 IRF840，特点是噪声低、输入阻抗高、开关速度快。典型应用为电子镇流器、电子变压器、开关电源等。

IRF840 为 N 型场效应管，其栅极串联电阻决定场效应管的开通速度，由于电压从三极管负端接入，所以输出电流同电压成反比关系，电压越大，输出电流越小。N 沟道增强型场效应管的工作条件是：只有当栅极电位低于漏极电位时，才趋于导通。

如图 18-4 所示为恒流源产生电路空载仿真图，当 RV1 处于位置 1（30%）时，电路空载输出大小约为 14.9mA 的直流电流。

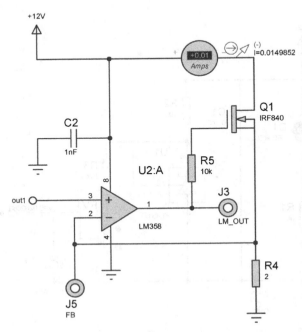

图 18-4　RV1 处于位置 1 时的恒流源产生电路空载仿真图

此时，恒流源产生电路空载输出波形如图 18-5 所示。

将基准电压输出电路中 RV1 调整到位置 2（90%）处，改变了 R3 与 RV1 的分压比例，此时 out1 端当前输出达到约 84.8mV 的直流电压，如图 18-6 所示。

RV1 处于位置 2 时的恒流源产生电路空载输出波形如图 18-7 所示。

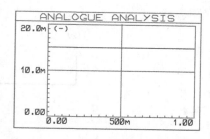

图 18-5　RV1 处于位置 1 时的恒流源产生电路空载输出波形

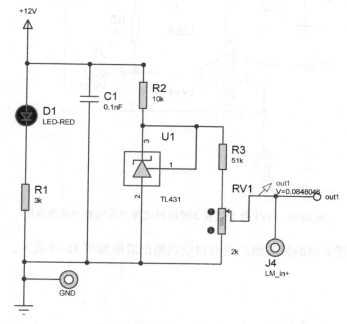

图 18-6　RV1 处于位置 2 时的恒流源产生电路空载仿真图

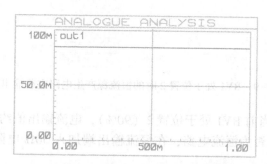

图 18-7　RV1 处于位置 2 时的恒流源产生电路空载输出波形

在 RV1 处于位置 2（90%）时，场效应管同样导通，电流 I_{out} 可以根据式（18-2）计算，其大小为 43.2mA，恒流源产生电路空载仿真图如图 18-8 所示。

151

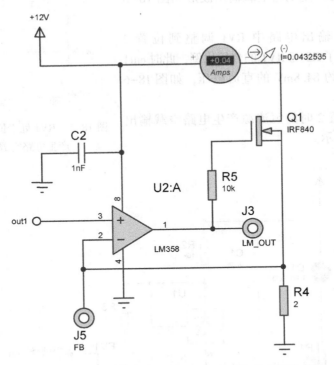

图 18-8　RV1 处于位置 2 时的恒流源产生电路空载仿真图

RV1 处于位置 2 时的恒流源产生电路空载输出波形如图 18-9 所示。

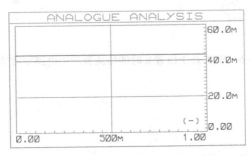

图 18-9　RV1 处于位置 2 时的恒流源产生电路空载输出波形

　　如图 18-8 所示，当前 RV1 处于位置 2（90%），电流输出值约为 43.2mA。

　　为了验证本设计是否为恒流电路，在恒流输出端加入 50Ω 电阻，测试电路加入负载时能否保证输出不变。

　　从图 18-10 的仿真结果可以看出，稳流电源的输出并不会因为加入负载而改变，从而验证了本设计确实为恒流源输出电路。

　　加入 50Ω 负载后，输出波形如图 18-11 所示。

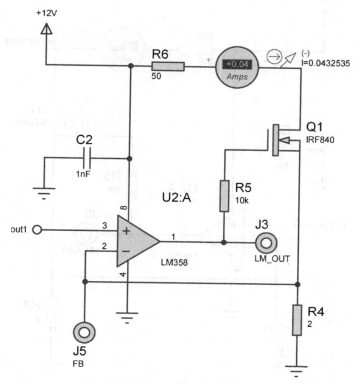

图 18-10　恒流源产生电路加负载仿真图（一）

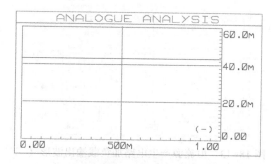

图 18-11　恒流源产生电路加负载输出波形（一）

　　如图 18-11 所示，在电路加入 50Ω 负载时，测试负载电流输出约为 43.2mA，与空载时的电路输出相同。

　　再次调整负载大小，将其调整为 200Ω，仿真图如图 18-12 所示。

　　用图表显示当前输出波形，如图 18-13 所示，可见压控恒流源电路输出值一直稳定在 43.2mA，即电源此时具有较好的稳定性。

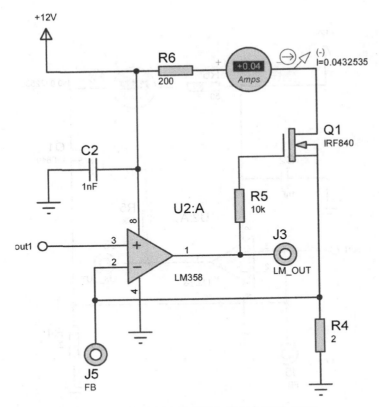

图 18-12　恒流源产生电路加负载仿真图（二）

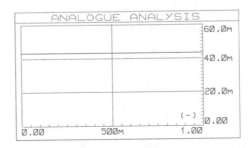

图 18-13　恒流源产生电路加负载输出波形（二）

注意

与之前固定式稳定电源的设计类似，只有当栅极电位低于漏极电位时，场效应管才趋于导通。所以当负载过大时，由于流过的电流为恒流，会导致栅极电压与漏极电位逐渐相等，最终场效应管截止，此时不会输出稳定恒流。

压控恒流源电路整体电路原理图如图 18-14 所示。

对电路板进行实际测试，调节电位器，测试电流输出为 0~47mA，设计要求输出电流 0~45mA，实测基本符合设计要求。

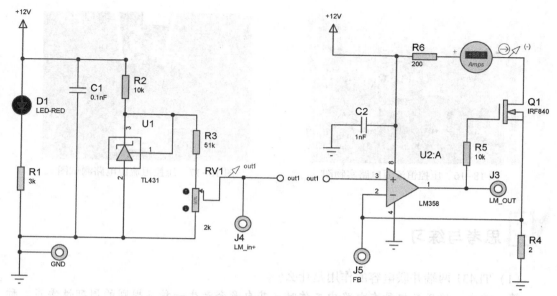

图 18-14　压控恒流源电路整体电路原理图

PCB 版图

PCB 版图如图 18-15 所示。

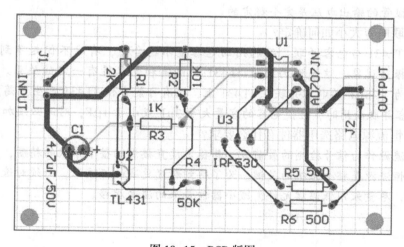

图 18-15　PCB 版图

实物测试

压控恒流源电路实物图如图 18-16 所示，压控恒流源电路测试图如图 18-17 所示。

155

图 18-16　压控恒流源电路实物图　　　　图 18-17　压控恒流源电路测试图

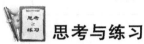 **思考与练习**

（1）TL431 两端并联电容的作用是什么？

答：首先，稳压二极管在电路中工作时，其自身会产生一种不规则的周期性噪声，称为齐纳噪声。尽管齐纳噪声的电平不高，但它却是影响稳压二极管输出特性的重要原因之一。为了减小稳压二极管的输出噪声，可用一只电容与稳压二极管并联使用，这样，并联的电容就可以吸收稳压二极管的齐纳噪声，以改善稳压二极管的输出特性。另外，并联在稳压二极管上的电容还可以吸收电源的纹波，使得稳压二极管的输出电压更加平稳。其次，当稳压二极管与电容并联使用时，由于电容的充电作用，会使稳压二极管输出电压的建立时间增加，使输出电压缓慢地上升，不过，这仅是接通电源瞬间的情况。正常工作时，稳压二极管的输出电压是完全稳定的。

（2）并联电容大小如何确定？

答：当 TL431 与电容并联，而选用的电容量不适合时，有时不但起不到好的作用，反而会产生振荡现象，这是因为流过 TL431 的电流和电容量有一定的关系。实验表明，如果将容量为 $1\sim3\mu F$ 的电容并联在 TL431 上，很有可能会使 TL431 产生振荡。因此，当 TL431 与电容并联使用时，应使电容的容量大于 $3\mu F$ 或小于 $1\mu F$，对此必须加以注意。

（3）对恒流源电路选用器件有什么要求？

答：恒流源作为信号检测的最前级，其稳定度直接影响整个系统的精度，因此如何设计高精度的恒流源是整个系统的关键。为了得到精度更高的恒流源，必须对选用器件的型号进行筛选，尽量采用低温漂元件，减小器件带来的温度漂移。

156

项目 19　数控直流稳流电源电路设计

随着科学技术的发展，数控直流电源在人们的工作、科研、生活、学习中扮演的角色越来越重要。在我们使用的电子电路中，多数都需要稳定的直流电源进行供电。直流稳压电源作为电子技术常用的设备之一，广泛地应用于教学、科研等领域。而恒流源是一种宽频谱、高精度交流稳流电源，具有响应速度快、恒流精度高、能长期稳定工作、适合各种性质负载（阻性、感性、容性）等优点。本项目采用 4 位二进制可逆加减计数器 74LS193 输出可以随按键触发而加减的 4 位二进制数字量，通过数模转换电路将数字量转换为模拟电压量，这个模拟电压量就是一个可控的基准电压量。基准电压输入到运算放大器的同相输入端，通过负反馈作用，使比较放大器的输出端电压与输入端电压相等，该电压除以固定电阻即可得到随电压变化的可控电流。

设计任务

设计一个恒流电源电路，并且能通过按键控制电路输出的恒定电流值。

基本要求

☺ 按下 ADD 键，电源电路输出电流值增加。

☺ 按下 DEC 键，电源电路输出电流值减小。

☺ 电源电路输出最小电流为 5.28mA，最大电流为 340mA，共 6 个挡位的电流输出值。

系统组成

数控直流稳流电源电路系统主要分为以下四部分。

☺ 整流滤波稳压电路：为后续各模块电路供电。

☺ 数（字量）控（制）电路：输出可以随按键触发而加减的 4 位二进制数字量。

☺ 数模转换电路：将 74LS193 输出的数字量转换为模拟量，该模拟电压为恒流源输出电路提供可控基准电压。

☺ 数控恒流源产生电路：利用电压跟随器，使运算放大器输出可控电压，除以固定电阻即产生可控电流输出。

系统模块框图如图 19-1 所示。

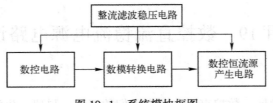

图 19-1 系统模块框图

 模块详解

1. 整流滤波稳压电路

整流滤波稳压电路由带中心抽头的变压器，桥式整流电路，电容滤波电路，三端稳压器 7818、7918、7809、7909、7805 及滤波电容组成。变压器将市电降压，利用两个半桥轮流导通，形成信号的正半周和负半周。电路在三端稳压器的输入端接入电解电容（1000μF）用于电源滤波，其后并入电解电容（4.7μF）用于进一步滤波。在三端稳压器输出端接入电解电容（4.7μF）用于减小电压纹波，而并入陶瓷电容（0.1μF）用于改善负载的瞬态响应并抑制高频干扰。经过滤波后三端稳压器 7818 输出端为+18V 电压，7918输出端为-18V 电压，7809 输出端为+9V 电压，7909 输出端为-9V 电压，7805 输出端为+5V电压。与此同时，在各供电电源处加入测试点以便调试。整流电路原理图如图 19-2所示。

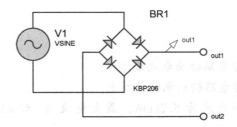

图 19-2 整流电路原理图

整流电路输出用示波器监视，仿真结果如图 19-3 所示。

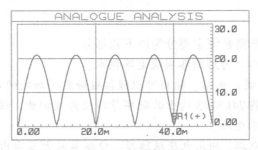

图 19-3 整流电路输出仿真结果

158

交流电压设定如图 19-4 所示，为了模仿市电经降压后的输入电压，将电压输入设置为 50V，频率设置为 50Hz。

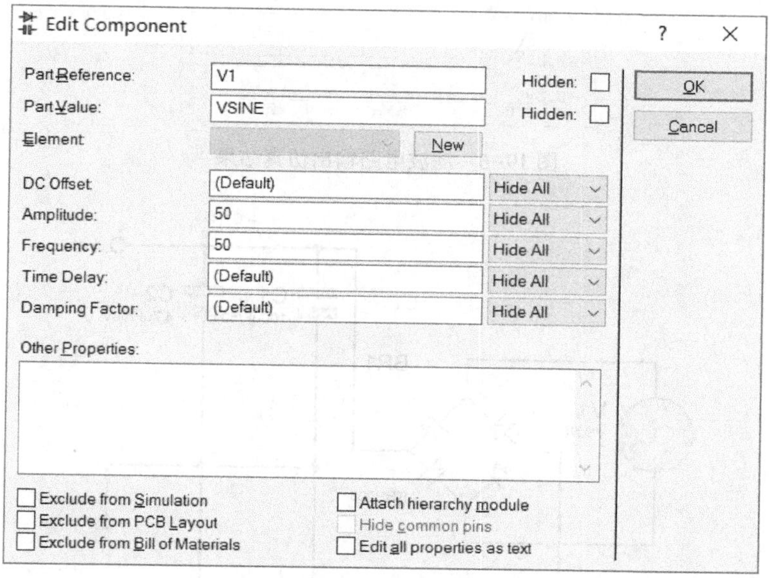

图 19-4 交流电压设定

为了验证滤波电路的效果，以初步滤波电路（见图 19-5）为例进行分析。

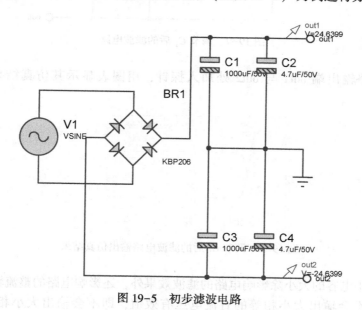

图 19-5 初步滤波电路

滤波电路输出用示波器监视，仿真结果如图 19-6 所示。

若将 C_1 调整为 100μF，如图 19-7 所示，则会导致电路输出端 out1 与 out2 处输出电压大小不等。

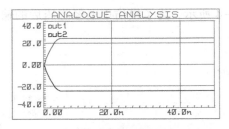

图 19-6　滤波电路输出仿真结果

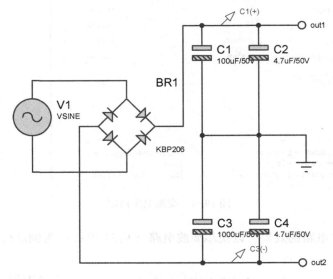

图 19-7　调节 C_1 后的滤波电路

在滤波电路输出端 out1 与 out2 处加入探针，用图表显示其仿真结果，如图 19-8 所示。

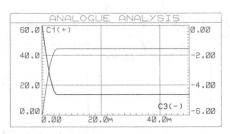

图 19-8　调节 C_1 后的滤波电路输出仿真结果

滤波电路中电容的大小除影响电路的滤波效果外，还影响电路的整流输出。若上下电路不对称，则不会输出大小相等的直流电压有效值，即不会输出大小相等的直流正负电压。

滤波电路的 out1、out2 处输出的电压信号经过三端稳压器 7818、7918，可得到稳定的 ±18V 直流电压信号，如图 19-9 所示。

160

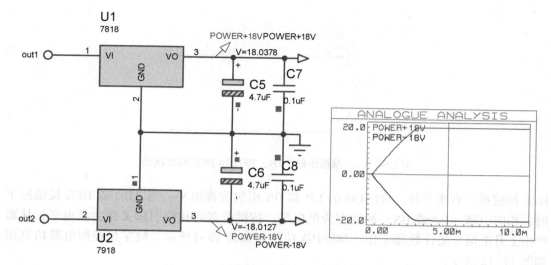

图 19-9　三端稳压器 7818、7918 输出仿真

　　三端稳压器 7818、7918 输出的 ±18V 电压通过三端稳压器 7809、7909 进一步稳压，可得到 ±9V 的直流电压。其中 7809 输出的 +9V 电压再经过三端稳压器 7805，在 7805 的输出端得到 +5V 的稳定直流供电电压。仿真结果与输出波形如图 19-10、图 19-11 所示。

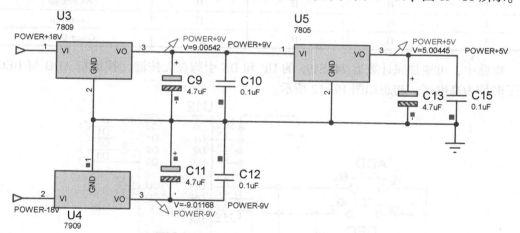

图 19-10　三端稳压器 7809、7909 和 7805 稳压仿真

　　本设计通过灵活运用多个稳压器，将市电 220V 交流电分别转变为 ±18V、±9V、+5V 的直流电压，并以此来对整个电路进行供电。

2. 数字量控制电路

　　数字量控制电路由按键、上拉电阻及 4 位二进制可逆加减计数器 74LS193 芯片组成。由于本设计中只实现加计数、减计数功能，故将置数端 PL 置为无效电平高电平，清除端 MR 置为无效电平低电平。计数输入端 D0~D3 接地，表明计数器从 0000 开始计数。当加计数端 UP 有上升沿信号并且减计数端为高电平时，计数器功能为加计数。当减计数端 DN 有上升沿信号并且加计数端为高电平时，计数器功能为减计数。当电路中 ADD 按键与

161

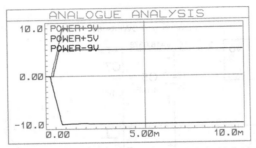

图 19-11　三端稳压器 7809、7909 和 7805 输出波形

DEC 按键都没有按下时，74LS193 的 UP 和 DN 引脚为高电平；当 ADD 或 DEC 按键按下时，相应引脚（UP 或 DN）瞬间变为低电平；按键弹起时相应引脚又变为高电平，从而产生上升沿信号使计数器工作。74LS193 功能表如表 19-1 所示，数字量控制电路仿真图如图 19-12 所示。

表 19-1　74LS193 功能表

MR	PL	UP	DN	MODE
H	X	X	X	Reset
L	L	X	X	Preset
L	H	H	H	No change
L	H	⌐	H	Count Up
L	H	H	⌐	Count Down

电路中，可逆加减计数器 74LS193 的 UP 和 DN 引脚在无按键（按键指 ADD 与 DEC）按下时均为高电平，初态如图 19-12 所示。

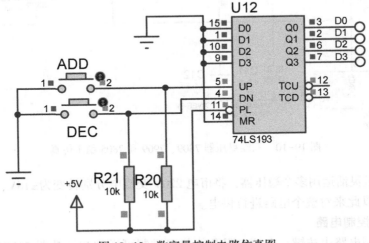

图 19-12　数字量控制电路仿真图

按下一次 ADD 键时，可逆加减计数器 74LS193 的加计数端 UP 检测到上升沿信号，则当前计数器功能为加计数。输出引脚由低位到高位分别为 D0、D1、D2、D3。这里按下两次 ADD 键，当前输出值为 0010，如图 19-13 所示。

按下一次 DEC 键时，计数端 DN 有上升沿信号并且加计数端为高电平，计数器功能

162

为减计数。输出引脚由低位到高位分别为 D0、D1、D2、D3。按下一次 DEC 键，当前输出值为 0001，如图 19-14 所示。

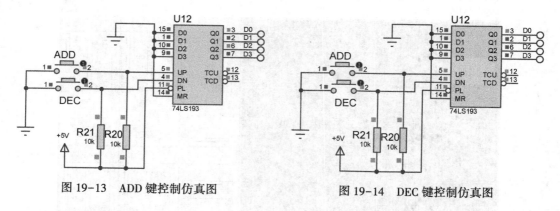

图 19-13　ADD 键控制仿真图　　　　　　图 19-14　DEC 键控制仿真图

3. 数模转换电路

DAC 模块是整个系统的纽带，将控制部分的数字量 D0～D3 转变为电压调整部分的模拟量。这部分电路由数模转换芯片 DAC0832 和运算放大器 LM324 组成。DAC0832 主要由 8 位输入寄存器、8 位 DAC 寄存器、8 位 DA 转换器及输入控制电路四部分组成。8 位 DA 转换器输出与数字量成正比的模拟电流。本设计中 $\overline{WR1}$、$\overline{WR2}$ 和 $\overline{XFER}$ 同时为有效低电平，8 位 DAC 寄存器端为高电平 "1"，此时 DAC 寄存器的输出端 Q 跟随输入端 D 也就是输入寄存器 Q 端的电平变化。该数模转换电路采用的是 DAC0832 单极性输出方式，运算放大器 LM324 使得 DAC0832 输出的模拟电流量转变为电压量。

输出电压为

$$V_{OUT1} = BV_{REF}/256 \tag{19-1}$$

式中，B 的值为 DI0～DI7 组成的 8 位二进制数；V_{REF} 是由电源电路提供 -9V 的 DAC0832 的参考电压。本设计中前一级数字控制电路输出为 4 位二进制数，DAC0832 中待转换的数字量 DI0、DI1 接 D0，DI2、DI3 接 D1，以此类推，将 4 位二进制数接成 8 位输入。

令当前接收的数据 D3～D0 为 1111，经数模转换，由 OUT1 端输出，仿真图如图 19-15 所示。

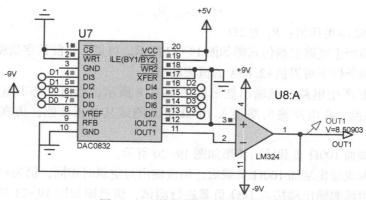

图 19-15　数模转换电路仿真图

163

数模转换电路输出波形如图 19-16 所示。

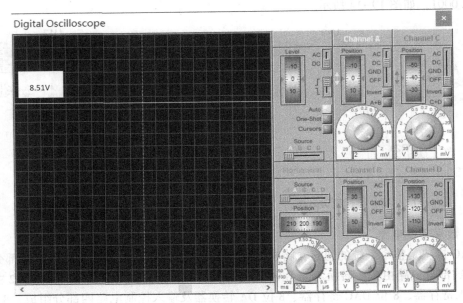

图 19-16　数模转换电路输出波形

如图 19-16 所示，4 位二进制数字量经由数模转换电路转变为模拟量输出，其转化结果为+8.51V 直流电压。

4. 数控恒流源产生电路

这部分电路由运算放大器 LM358 搭成的电压跟随器及场效应管 IRF840 及相关电阻组成。IRF840 属于绝缘栅场效应管中的 N 沟道增强型。绝缘栅场效应管是利用半导体表面的电场效应进行工作的，由于它的栅极处于不导电（绝缘）状态，所以输入电阻大大提高，最高达$10^{15}\Omega$，这为保证恒流源的输出精度打下了良好的基础。N 沟道增强型场效应管的工作条件是：只有当 $V_{GS}>0$ 时，才可能开始有 I_o。

根据虚短关系，LM358 的反相输入端的电压与 R1 上端电压相等，电压值为前一部分数模转换电路输出的可控模拟电压值，则输出电流可以由式（19-2）求得。

$$I_o = U_{IN2}/R_1 \tag{19-2}$$

式中，U_{IN2} 为 IN2 端电压值；R_1 为 2Ω。

数控恒流源产生电路空载仿真图如图 19-17 所示。可见，当前数字量输出为 1111 时，经转换后在空载条件下可提供+2.83A 的恒流输出。

数控恒流源产生电路空载输出波形如图 19-18 所示，当前状态下电路空载输出为+2.83A 稳定恒流。在电路输出端接入 100Ω 负载测试其稳压性能，仿真图如图 19-19 所示。

电流输出端加 100Ω 负载输出波形如图 19-20 所示。

可见，在恒流输出端加 100Ω 负载后，恒流输出与空载时相同，仍为+2.83A。

随后，在恒流源输出端接入 $1k\Omega$ 负载进行测试，仿真图如图 19-21 所示。此时，输出波形如图 19-22 所示。

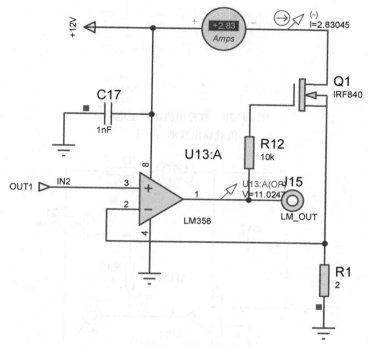

图 19-17 数控恒流源产生电路空载仿真图

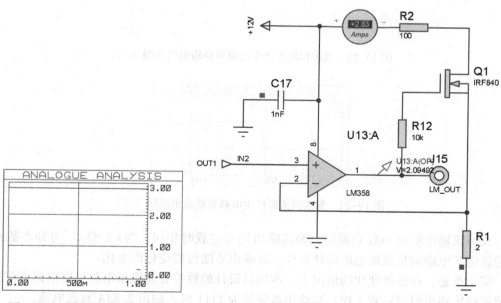

图 19-18 数控恒流源产生电路
空载输出波形

图 19-19 数控恒流源产生电路
负载输出仿真图（一）

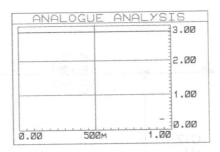

图 19-20　数控恒流源产生电路
负载输出波形（一）

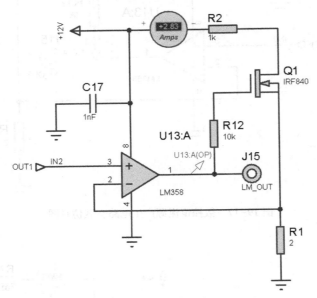

图 19-21　数控恒流源产生电路负载输出仿真图（二）

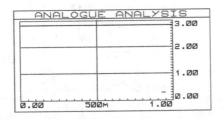

图 19-22　数控恒流源产生电路负载输出波形（二）

　　在恒流输出端加 1kΩ 负载后，恒流输出仍与空载时相同，为+2.83A。可知本数控直流稳流电源电路满足稳流电源设计条件，其输出不随负载变化而变化。

　　综上所述，在负载变化的情况下，本项目设计的数控直流稳流电源可以根据当前按键设定值稳定输出恒流正常工作。当输出数字量为 1111 时，输出 2.83A 直流电流。

　　数控直流稳流电源电路整体电路原理图如图 19-23 所示。

　　电路实际测量结果分析：上电后，可以通过如上按键方式测得电路输出的 13 个不同

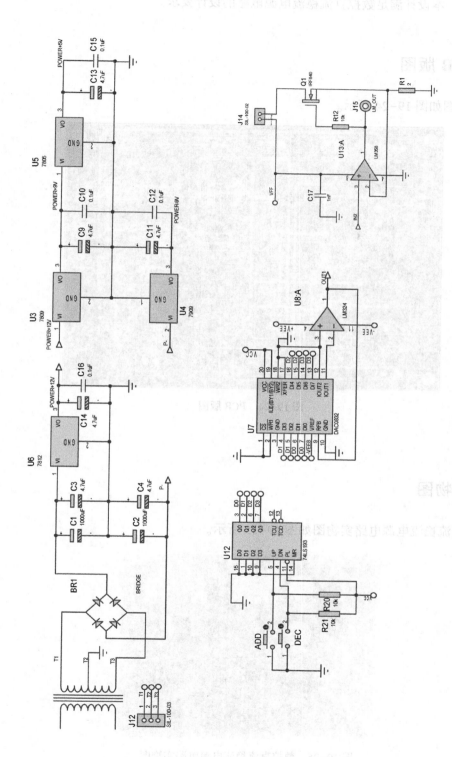

图19-23 数控直流稳流电源电路整体电路原理图

挡位电压值。本设计满足数控直流稳流电源电路的设计要求。

 **PCB 版图**

PCB 版图如图 19-24 所示。

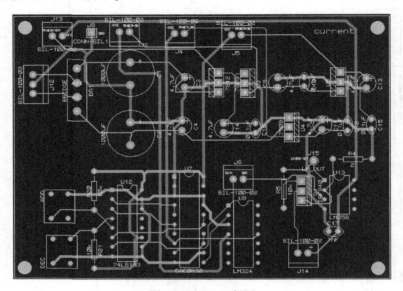

图 19-24 PCB 版图

 实物图

数控直流稳流电源电路实物图如图 19-25 所示。

图 19-25 数控直流稳流电源电路实物图

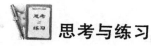 **思考与练习**

（1）场效应管 IRF840 有什么特点？典型应用有哪些？

答：IRF840 属于第三代 Power MOSFETs，特点是噪声低、输入阻抗高、开关速度快。典型应用为电子镇流器、电子变压器、开关电源等。

（2）数控恒流源产生电路中，为什么选择场效应管而不选择三极管？

答：最常用的简易恒流源用两个同型三极管，利用三极管相对稳定的基极-发射极电压作为基准。为了能够精确控制输出电流，通常使用一个运算放大器作为反馈，同时使用场效应管避免三极管的基极-发射极电流导致的误差，有助于提高恒流源的精度。如果电流不需要特别精确，其中的场效应管也可以用三极管代替。

 特别提醒

（1）由于实验室的电阻均为 1/4W 的功率，再结合电流源的输出电流即流过固定电阻 R1 的电流 $I_R = U_{IN2}/R_1$ 综合考虑，既要保证 I_R 不超过所选电阻额定功率下的额定电流，又要保证有合适数目的输出电流挡位，经过调试，选择 R_1 为 2Ω。

（2）当固定电阻相等时，如果需要输出电流挡位增多，即可以输出较大挡位的电流值，则需要更换较大功率的电阻。

项目 20　电压型逆变电路设计

逆变电路是与整流电路相对应的，把直流电变成交流电称为逆变。逆变电路可用于构成各种交流电源，其应用非常广泛。在已有的各种电源中，蓄电池、干电池、太阳能电池等都是直流电源，当需要这些电源向交流负载供电时，就需要逆变电路。

本项目输入直流 12V，通过逆变器，得到的输出为交流 220V、50Hz。其关键在于有方波振荡器与升压电路。逆变器电路内的方波振荡器为交流 12V、50Hz，经驱动电路放大功率，再用升压电路的变压器把交流 12V（50Hz）提高到交流 220V。

设计任务

设计一个直流稳压电源，将直流电源转变为交流电源，并保持电源输出稳定。

基本要求

电源应满足如下要求。
☺ 能够将直流 12V 转变为交流 220V。
☺ 输出频率为 50Hz 的交流电源。

系统组成

电压型逆变电路系统主要分为以下四部分。
☺ 脉冲振荡电路：使直流信号经过晶体振荡器产生 100Hz 的交流信号。
☺ 分频电路：利用 74HC109 构成 1/2 分频器，产生 50Hz 交流信号。
☺ 驱动电路：利用驱动晶体管进行开关动作，与 74HC109 构成 1/2 分频器。
☺ 升压电路：把直流 12V 升压为交流 220V。
系统模块框图如图 20-1 所示。

图 20-1　系统模块框图

 **模块详解**

1. 脉冲振荡电路

产生交流信号的信号源是内装晶体振子的基准时钟集成电路 SPG8651B，它的输出频率为 100Hz。因此，要把这 100Hz 分频为 50Hz，即与市电频率相同。由于基准时钟集成电路 SPG8651B 与二分频用逻辑集成电路的电源用+5V 电压，因而采用三端稳压器 7805 提供+5V 直流电源。

SPG8651B 是一种可编程晶体振荡器，由其 CTL 端子设定，从而确定这个集成电路的输出频率。要使其输出频率为 100Hz，则设置 CTL1、CTL2、CTL3、CTL4 为 0（0=L），CTL5 与 CTL6 为 1（1=H）。

脉冲振荡电路原理图如图 20-2 所示。

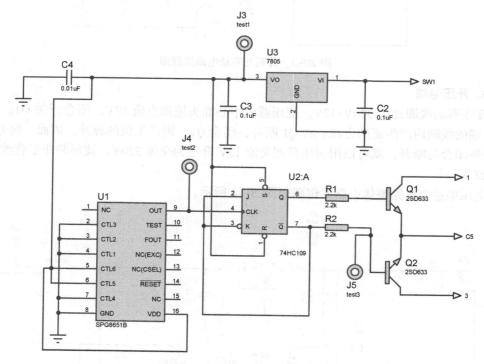

图 20-2　脉冲振荡电路原理图

2. 分频与驱动电路

SPG8651B OUT 端子的输出为 100Hz，连接 JK 触发器 74HC109，作为 1/2 分频器。这样，分频器的输出为 50Hz，并且占空比为 50%。在此逆变电路中，74HC109 的输出端 Q 与 $\overline{Q}$ 通过电阻连接到开关晶体管 Q1 与 Q2 的基极，则这两个晶体管就可以交替地进行开关动作。驱动晶体管的是触发器 74HC109，其输出电流，即晶体管基极电流设定为 2mA 左右，而集电极电流为 3.33A，则晶体管的放大倍数为 $I_C/I_D=3330/2=1665$。因此，使用达林顿晶体管 2SD633，由于其 $V_{CE}=100V$，$I_C=7A$，$P_C=40W$，$h_{FE}=1500\sim2000$，这里的 I_C

171

和 h_{FE} 都符合作为这个逆变器电路的晶体管的条件。

晶体管的功率损耗（即集电极损耗）是由于开关动作引起的，可以认为损耗在数瓦以下。

分频与驱动电路原理图如图 20-3 所示。

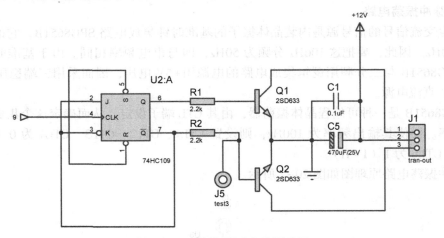

图 20-3　分频与驱动电路原理图

3. 升压电路

变压器的线圈比为 220V/12V。变压器的中心抽头施加直流 12V，闭合开关 Q1，则在 220V 端的线圈内产生正的方波。将 Q1 断开，闭合 Q2，则产生负的脉冲。因而，将 Q1 与 Q2 交替闭合与断开，就可以用变压器把交流 12V 升压为交流 220V。波形并非正弦波，而是方波。

电压型逆变电路整体电路原理图如图 20-4 所示。

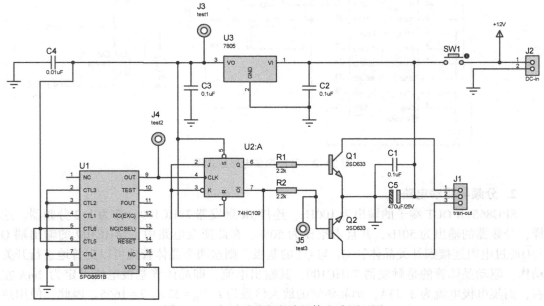

图 20-4　电压型逆变电路整体电路原理图

172

电路焊接完成后，对其进行实测。在变压器输出端测得交流电压209.3V，示波器显示频率为50Hz。设计要求输出220V、50Hz交流电压，实测电路基本符合设计要求。

PCB 版图

PCB 版图如图20-5所示。

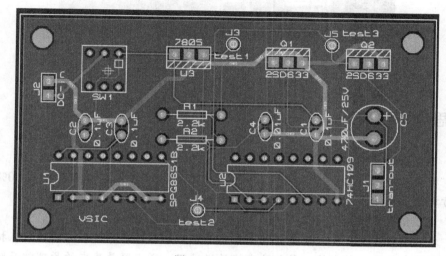

图20-5　PCB版图

实物测试

电压型逆变电路实物图如图20-6所示，电压型逆变电路测试图如图20-7所示。

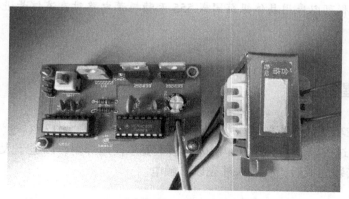

图20-6　电压型逆变电路实物图

173

图 20-7 电压型逆变电路测试图

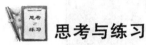 **思考与练习**

（1）在实际测试时，如何调整振荡电路？

答：对于多谐振荡器等振荡电路，如果不进行调整，其占空比则达不到50%，因此需要进行调整，而且要一边观察示波器一边调整。

（2）逆变的基本原理是什么？

答：总的来说，逆变电源就是通过半导体功率开关器件的开通和关断作用，把直流电能转变为交流电能的一种变换，是整流变换的逆过程。逆变器最基本的原理就是脉宽调制（PWM），就是将直流电压通过开关管调制成不同宽度的脉冲，其脉冲的宽度与输出交流的瞬态值（电压或电流）相对应，最后通过滤波器整形为正弦交流电。

单相逆变器常用的电路采用四桥臂（将4个IGBT接成类似桥式整流的形状），由控制回路控制4个桥臂以数千赫兹的频率两两轮番导通和截止，脉冲宽度按PWM算法得出结果变化，逆变器的输出回路接有LC滤波器，将PWM波整形为正弦波。

（3）将直流信号进行振荡从而产生交流信号可以采用哪些方法？

答：逆变过程可以采用晶体振荡器或555无稳振荡电路对直流信号进行振荡，从而得到交流信号。

 特别提醒

（1）由于在功率晶体管的集电极与变压器之间、发射极与12V(−)之间、变压器与12V(+)之间流过大电流，因此在印制电路板上要多使用焊锡，以适于大电流通过。

（2）元件安装完成后，要放入外壳以防触电。

项目 21　降压式 DC/DC 电源电路设计

随着开关电源技术的飞速发展，DC/DC 开关电源已在通信、计算机及消费类电子产品等领域得到了广泛应用。近年来，对电池供电便携式设备的需求越来越大，对 DC/DC 开关电源的需求也日益增大，同时对其性能要求也越来越高。

本项目采用 XL4015 直流降压模块使整个电路输出 12V 直流电压，利用设置外围电路的电阻阻值来确定输出电压。

设计任务

设计一个降压 DC/DC 电路，使得在输入电压为 15~36V 的情况下，使用 XL4015 令输出电压降为稳定直流 12V。

基本要求

☺ 电路采用直流（DC）15~36V 供电。
☺ 使用 XL4015 模块进行稳压并降压。

系统组成

降压式 DC/DC 电源电路系统主要分为以下三部分。
☺ 直流电压源：直流电压源为整个电路提供 15~36V 的稳定电压。
☺ 滤波电路：可利用滤波电路将脉动的直流电压变为平滑的直流电压。
☺ 降压变换电路：利用 XL4015 集成电路对输入电压进行降压。
系统模块框图如图 21-1 所示。

图 21-1　系统模块框图

175

 **模块详解**

1. 直流电压源

可以输入 15~36V 直流电压,为电路提供输入。

2. 滤波电路

电容滤波电路是最常见也是最简单的滤波电路,在电路的输入端并联一个电容即构成电容滤波电路。滤波电容容量较大,因此一般均采用电解电容,在接线时要注意电解电容的正、负极。电容滤波电路利用电容的充、放电作用,使输出电压趋于平滑。这里滤波电路要根据 XL4015 的使用来进行电容的选择。

输入电容的选择:在连续模式中,转换器的输入电流是一组占空比约为 $V_{\mathrm{OUT}}/V_{\mathrm{IN}}$ 的方波。为了防止大的瞬态电压,必须针对最大 RMS 电流要求而选择低 ESR 输入电容器。最大 RMS 电容器电流由下式给出:

$$I_{\mathrm{RMS}} \approx I_{\mathrm{MAX}} \times \frac{\sqrt{V_{\mathrm{OUT}}(V_{\mathrm{IN}}-V_{\mathrm{OUT}})}}{V_{\mathrm{IN}}} \qquad (21-1)$$

式中,最大平均电流 I_{MAX} 等于峰值开关电流限值与 1/2 纹波电流之差,即 $I_{\mathrm{MAX}}=I_{\mathrm{LIM}}-\Delta I_{\mathrm{L}}/2$。这里输入电容 C3 选择容量为 220μF、耐压为 50V 的电解电容,C5 选择容量为 1μF 的陶瓷电容。

输出电容的选择:在输出段选择低 ESR 电容以减小输出纹波电压,一般来说,一旦电容 ESR 得到满足,电容就足以满足需求。任何电容的 ESR 连同其自身容量将为系统产生一个零点,ESR 值越大,零点所在的频率段就越低,而陶瓷电容的零点处于一个较高频率上,通常可以忽略,是一种上佳的选择。但与电解电容相比,大容量、高耐压陶瓷电容会体积较大、成本较高,所以将 0.1~1μF 的陶瓷电容与低 ESR 电解电容结合使用。输出电压公式为

$$\Delta V_{\mathrm{OUT}} \approx \Delta I_{\mathrm{L}} \times \left(\mathrm{ESR}+\frac{1}{8FC_{\mathrm{OUT}}}\right) \qquad (21-2)$$

式中,F 为开关频率;C_{OUT} 为输出电容;ΔI_{L} 为电感中的纹波电流。

这里的输出电容 C4 选择容量为 330μF、耐压为 50V 的电解电容,C6 选择容量为 1μF 的陶瓷电容。

3. 降压变换电路

XL4015 是开关型 DC/DC 转换芯片,固定开关频率为 180kHz,可调小外部元件尺寸,方便 EMC 设计。芯片具有出色的线性调整率与负载调整率,输出电压支持 1.25~36V 任意调节。可对 XL4015 输入端提供 8~36V 直流电压进行供电,芯片内部集成过流保护、过温保护、短路保护等可靠性模块,并且要在 VIN 与 GND 引脚之间并联电解电容 C3 以消除噪声。

VC 引脚接内部电压调节旁路电容。在典型的应用电路中,VC 与 VIN 引脚之间需连接 1μF 电容,即电路中的 C1。FB 为反馈引脚,调节反馈阈值电压为 1.25V,通过外部电阻分压网络,对输出电压进行调整。输出电压由 R_1 和 R_4 确定,即 $V_{\mathrm{OUT}}=1.25 \times (1+R_1/R_4)$,这里设置电路输出电压为 12V。

虽然电感并不影响工作频率，但电感值却对纹波电流有着直接的影响，电感纹波电流 ΔI_{L} 随电感值的增加而减小，并随着 V_{IN} 和 V_{OUT} 的升高而增大。用于设定纹波电流的一个合理起始点为 $\Delta I_{\mathrm{L}} = 0.3 I_{\mathrm{LIM}}$，其中 I_{LIM} 为峰值开关电流限值。为了保证纹波电流处于一个规定的最大值以下，应按下式来选择电感值：

$$L = \frac{V_{\mathrm{OUT}}}{F\Delta I_{\mathrm{L}}} \times \left(1 - \frac{V_{\mathrm{OUT}}}{V_{\mathrm{MAX(MAX)}}}\right) \tag{21-3}$$

整流二极管使用的是肖特基二极管 SS54B，其额定值为平均正向电流 5A 和反向电压 20~100V。

降压式 DC/DC 电源电路整体电路原理图如图 21-2 所示。

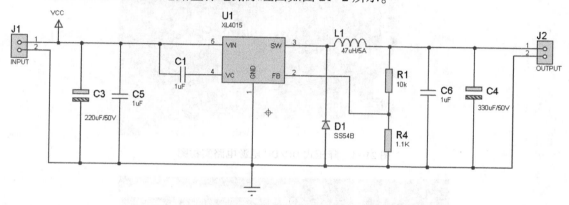

图 21-2　降压式 DC/DC 电源电路整体电路原理图

经过测试，输入 +15~36V 直流电压，经过降压式 DC/DC 电源电路，输出电压为 +12.49V。设计要求输出电压 +12V，实测基本符合设计要求。

 PCB 版图

PCB 版图如图 21-3 所示。

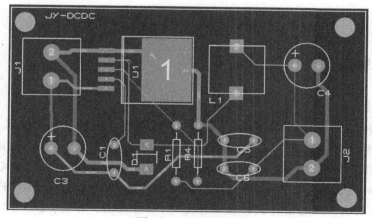

图 21-3　PCB 版图

实物测试

降压式 DC/DC 电源电路实物图如图 21-4 所示，降压式 DC/DC 电源电路测试图如图 21-5 所示。

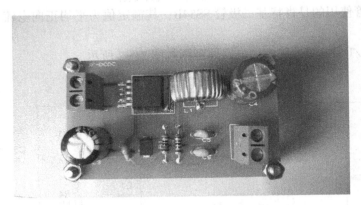

图 21-4　降压式 DC/DC 电源电路实物图

图 21-5　降压式 DC/DC 电源电路测试图

 思考与练习

（1）什么是 DC/DC 转换器？一般应用在何种场合？

答：DC/DC 转换器为转变输入电压后有效输出固定电压的电压转换器。DC/DC 转换器分为三类：升压型 DC/DC 转换器、降压型 DC/DC 转换器及升降压型 DC/DC 转换器。根据需求可采用三类控制。PWM 控制型效率高并具有良好的输出电压纹波和噪声。PFM 控制型即使长时间使用（尤其小负载时），也具有耗电小的优点。PWM/PFM 转换型小负载时实行 PFM 控制，且在重负载时自动转换到 PWM 控制。目前，DC/DC 转换器广泛用于手机、MP3、数码相机、便携式媒体播放器等产品中，在电路类型分类上属于斩波电路。

（2）降压电路可以通过什么方法来实现？

答：可以使用三端稳压器制作一个简单的降压电路，但是输出功率较小；也可以利用振荡器（如 TL494）实现降压 DC/DC 电路，本设计中采用开关型降压芯片实现降压 DC/DC 电路。

（3）XL4015 在什么样的电流下工作？

答：其负载电流为 5A，一般使用在 4A 电流以下，留一定余量。

特别提醒

（1）PCB 布局时需注意：VIN、GND、SW、VC 线最好粗、短、直；FB 走线应远离电感与肖特基二极管等，尽量使用地线包围；输入电容靠近芯片的 VIN 与 GND 引脚。

（2）输入电压为 15~36V，注意接入电压时不要超过最大电压，以防烧坏电路。

项目 22　可调式恒流源充电电路设计

　　基本的恒流源电路主要由输入级和输出级构成，输入级提供参考电流，输出级输出需要的恒定电流。恒流源电路要能提供稳定的电流以保证其他电路稳定工作，即要求恒流源电路输出恒定电流，因此作为输出级的器件应该具有饱和输出电流的伏安特性。如今，电流维持在恒定值的充电方法已被广泛使用。蓄电池的初充电、运行中蓄电池的容量检查、运行中牵引蓄电池的充电及蓄电池极板的化成充电，多采用恒流或分阶段恒流充电。此法的优点是可以根据蓄电池的容量确定充电电流值，直接计算充电量并确定充电完成的时间。

　　本项目使用恒流功能的模块给电池充电，采用 XL4015 直流降压模块和滑动变阻器使电路能够输出 1.25~36V 的恒压，采用 LM317L、LM358 和滑动变阻器实现电路有 0~5A 的恒流输出。

设计任务

　　设计一个恒流输出电路给电池充电，使得在输入电压为 8~36V 的情况下，使用 XL4015 使输出电压变为恒压输出，使用 LM317L 和 LM358 使电流变为恒流输出，为电池充电。

基本要求

　　在输入电压为 8~36V 的情况下，根据充电电池浮充电压和充电电流调整输出电压、输出电流，输出电压为 1.25~36V 连续可调，输出电流为 0~5A 可调。

　　电路满足如下要求。

　　☺ 电路采用 8~36V 直流供电。

　　☺ 使用 XL4015 模块进行稳压并降压。

　　☺ 使用 LM317L 作为输出电压可变的集成三端稳压器，LM358 作为双运算放大器输出低功耗电流，适用于电池供电。

系统组成

　　可调式恒流源充电电路系统主要分为以下四部分。

☺ 直流电压源：为整个电路提供 8~36V 的稳定电压。

☺ 滤波电路：可利用滤波电路将脉动的直流电压转变为平滑的直流电压。

☺ 降压变换电路：利用 XL4015 电路，通过调节滑动变阻器实现 1.25~36V 连续可调电压输出。

☺ 可调恒流源电路：利用 LM317L、LM358，通过调节滑动变阻器达到 0~5A 连续可调电流输出。

系统模块框图如图 22-1 所示。

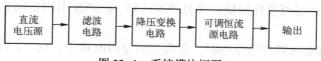

图 22-1 系统模块框图

 模块详解

1. 直流电压源

可以输入 8~36V 直流电压，为电路提供输入。

2. 滤波电路

电容滤波电路是最常见也是最简单的滤波电路，在电路的输入端并联一个电容即构成电容滤波电路。滤波电容容量较大，因此一般均采用电解电容，在接线时要注意电解电容的正、负极。电容滤波电路利用电容的充、放电作用，使输出电压趋于平滑。这里滤波电路要根据 XL4015 的使用来进行电容的选择。

输入电容的选择：在连续模式中，转换器的输入电流是一组占空比约为 V_{OUT}/V_{IN} 的方波。为了防止大的瞬态电压，必须针对最大 RMS 电流要求而选择低 ESR 输入电容。最大 RMS 电容电流由下式给出：

$$I_{RMS} \approx I_{MAX} \times \frac{\sqrt{V_{OUT}(V_{IN}-V_{OUT})}}{V_{IN}} \tag{22-1}$$

式中，最大平均电流 I_{MAX} 等于峰值开关电流限值与 1/2 纹波电流之差，即 $I_{MAX}=I_{LIM}-\Delta I_L/2$。这里输入电容 C3 选择容量为 220μF、耐压为 50V 的电解电容，C5 选择容量为 1μF 的陶瓷电容。

输出电容的选择：在输出段选择低 ESR 电容以减小输出纹波电压，一般来说，一旦电容 ESR 得到满足，电容就足以满足需求。任何电容的 ESR 连同其自身容量将为系统产生一个零点，ESR 值越大，零点所在的频率段就越低，而陶瓷电容的零点处于一个较高频率上，通常可以忽略，是一种上佳的选择。但与电解电容相比，大容量、高耐压陶瓷电容会体积较大、成本较高，所以将 0.1~1μF 的陶瓷电容与低 ESR 电解电容结合使用。输出电压公式为

$$\Delta V_{out} \approx \Delta I_L \times \left(ESR + \frac{1}{8FC_{OUT}} \right) \tag{22-2}$$

181

式中，F 为开关频率；C_{OUT} 为输出电容；ΔI_L 为电感中的纹波电流。

这里的输出电容 C4 选择容量为 220μF、耐压为 50V 的电解电容，C6 选择容量为 1μF 的陶瓷电容。

3. 降压变换电路

XL4015 是开关型 DC/DC 转换芯片，固定开关频率为 180kHz，可调小外部元件尺寸，方便 EMC 设计。芯片具有出色的线性调整率与负载调整率，输出电压支持 1.25～36V 任意调节。可对 XL4015 输入端提供 8～36V 直流电压进行供电，芯片内部集成过流保护、过温保护、短路保护等可靠性模块，并且要在 VIN 与 GND 引脚之间并联电解电容 C3 以消除噪声。

VC 引脚接内部电压调节旁路电容。在典型的应用电路中，VC 与 VIN 引脚之间需连接 1μF 电容，即电路中的 C1。FB 为反馈引脚，调节反馈阈值电压为 1.25V，通过外部电阻分压网络，对输出电压进行调整。输出电压由 R_4 和 R_{V2} 确定，即 $V_{OUT} = 1.25 \times (1 + R_{V2}/R_4)$，这里设置电路输出电压为 1.25～36V。

虽然电感并不影响工作频率，但电感值却对纹波电流有着直接的影响，电感纹波电流 ΔI_L 随电感值的增加而减小，并随着 V_{IN} 和 V_{OUT} 的升高而增大。用于设定纹波电流的一个合理起始点为 $\Delta I_L = 0.3 I_{LIM}$，其中 I_{LIM} 为峰值开关电流限值。为了保证纹波电流处于一个规定的最大值以下，应按下式来选择电感值：

$$L = \frac{V_{OUT}}{F\Delta I_L} \times \left(1 - \frac{V_{OUT}}{V_{MAX(MAX)}}\right) \tag{22-3}$$

整流二极管使用的是肖特基二极管 SS54，其额定值为平均正向电流 5A 和反向电压 20～100V。

降压变换电路原理图如图 22-2 所示。

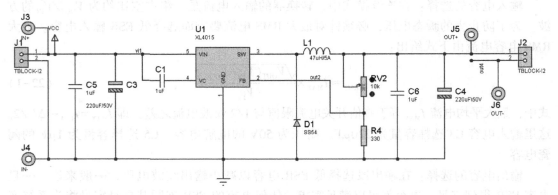

图 22-2 降压变换电路原理图

4. 可调恒流源电路

可调恒流源电路原理图如图 22-3 所示。

集成电路 LM317L 是应用最为广泛的电源集成电路之一，它不仅具有固定式三端稳压电路的最简单形式，而且具备输出电压可调的特点。此外，还具有调压范围宽、稳压性能好、噪声低、纹波抑制比高等优点。LM317L 是可调节三端正电压稳压器，在输出电压范围为 1.2 ~ 37V 时能够提供超过 1.5A 的电流，此稳压器非常易于使用。

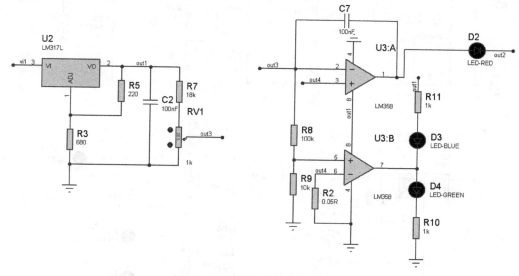

图 22-3　可调恒流源电路原理图

　　集成电路 LM358 内部包括两个独立的、高增益、内部频率补偿的双运算放大器，适合于电源电压范围很宽的单电源使用，也适用于双电源工作模式，在推荐的工作条件下，电源电流与电源电压无关。其使用范围包括传感放大器、直流增益模块和其他所有可用单电源供电的使用运算放大器的场合。

　　LM317L 的输出端电压由 R_3 和 R_5 决定，$V_{out1} = 1.25(1+R_3/R_5) = 5V$，为 LM358 供电，而 V_{out3} 是由电阻分压得到的恒压输出，可以在 0 ~ 0.28V 之间调节。由于运放 U3:A 输入端虚短的关系，其 3 脚电压 V_{out4} 与 2 脚电压 V_{out3} 相等，故电路输出端的电流值可由 $I_o = V_{out4}/R_2$ 求得。R_2 为 0.05Ω，则输出电流可在 0 ~ 5A 之间调节。

　　电路中包含充电指示部分，当电路工作在恒压模式时，out4 端相当于接地，其电位接近于 0V，则 U3:A 作为比较器，输出低电平，由于 V_{out2} 为 1.25V，此时红灯不亮；而由 U3:B 构成的比较器正相输入端电压大于 out4 端的电压，输出高电平 5V，此时绿灯亮。当电路工作在恒流模式时，U3:A 作为比较器输出高电平 5V，红灯亮；由 U3:B 构成的比较器正相输入端电压小于 out4 端的电压，蓝灯亮。充电电池充电时，蓝灯亮，若充满则熄灭，而绿灯亮。

　　可调式恒流源充电电路整体电路原理图如图 22-4 所示。

　　电路焊接完成后，对其进行实测。输入 15V 直流电压，恒压模式时，充电电压可在 1.24 ~ 15.05V 之间调节；恒流模式时，输出电流可在 0 ~ 4.94A 之间调节。设计要求输出电压可在 1.25V 至输入最大电压（不超过 36V）之间调节，输出电流可在 0 ~ 5A 之间调节，能够对充电电池进行充电，实测电路基本符合设计要求。

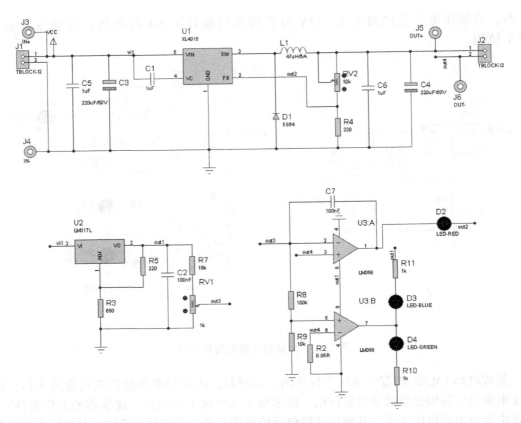

图 22-4 可调式恒流源充电电路整体电路原理图

PCB 版图

PCB 版图如图 22-5 所示。

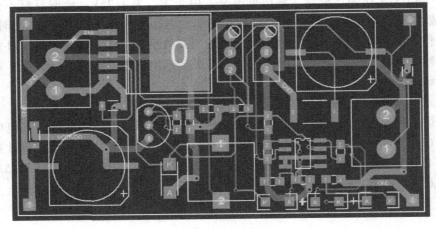

图 22-5 PCB 版图

 **实物测试**

可调式恒流源充电电路实物图如图 22-6 所示，可调式恒流源充电电路测试图如图 22-7 所示。

图 22-6　可调式恒流源充电电路实物图

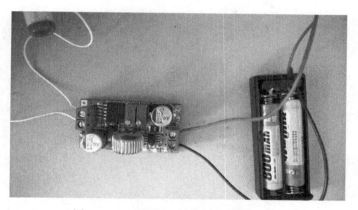

图 22-7　可调式恒流源充电电路测试图

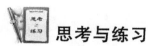 **思考与练习**

（1）为什么要提高 LM317L 的负载调整率？

答：负载调整率指当芯片温度不变而负载电流变化时输出的电压的变化。LM317L 可以提供极好的负载调整率，但如果将调整端至输出端的设定电阻接在靠近负载端，则负载调整率将成倍变坏。

（2）LM317L 对工作电流有什么要求？

答：LM317L 稳压块都有一个最小的稳定工作电流，有的资料将其称为最小输出电

185

流，也有的将其称为最小泄放电流。最小稳定工作电流一般为 1.5mA。由于 LM317L 稳压块的生产厂家不同、型号不同，其最小稳定工作电流也不相同，但一般不大于 5mA。当输出电流小于其最小稳定工作电流时，LM317L 稳压块就不能正常工作；当输出电流大于其最小稳定工作电流时，LM317L 稳压块就可以输出稳定的直流电压。

（3）LM358 的使用在电流上有什么限制？

答：要注意的是 LM358 的最大灌电流，不能超过，否则，很快就会烧掉芯片。

特别提醒

（1）本次设计最大输出电流为 5A，建议在 4A 电流以下使用，留一定余量。

（2）输入电压为 4~36V，注意接入电压时不要超过最大电压，以防烧坏电路。

（3）本电路为充电电池进行充电，充电时要根据电池的浮充电压及充电电流正确调整输出电压及输出电流，防止充电电池被充坏。

项目 23　数控直流恒流源电路设计

恒流源是一种宽频谱、高精度交流稳流电源，具有响应速度快、恒流精度高、能长期稳定工作、适合各种性质负载（阻性、感性、容性）等优点。它一般用于检测热继电器、塑壳断路器、小型短路器及需要设定额定电流、动作电流、短路保护电流等生产场合。恒流源有个定式，就是利用一个电压基准，在电阻上形成固定电流。

本项目中通过采用四位二进制可逆加减计数器 74LS193 输出可以随按键触发而加减的四位二进制数字量，通过数模转换电路将数字量转换为模拟电压量，这个模拟电压量就是一个可控的基准电压量。基准电压输入到运算放大器的同相输入端，通过负反馈作用，使比较放大器的输出端电压与输入端的电压相等，该电压除以固定电阻即可得到随电压变化的可控电流。

设计任务

设计一个恒流源电路，并且能通过按键控制电路输出的恒定电流值。

基本要求

☺ 按下 ADD 键，电源电路输出电流值增加。
☺ 按下 DEC 键，电源电路输出电流值减小。
☺ 电源电路输出最小电流为 5.28mA，最大电流为 340mA，共 6 个挡位的电流输出值。

系统组成

数控直流恒流电源电路系统主要分为以下四部分。
☺ 整流滤波初步稳压电源电路：为后续各模块电路供电。
☺ 数字量控制电路：输出可以随按键触发而加减的四位二进制数字量。
☺ 数模转换电路：将 74LS193 输出的数字量转变为模拟量，该模拟电压为数控恒流源产生电路提供可控基准电压。
☺ 数控恒流源产生电路：利用电压跟随器，使运算放大器输出可控电压，除以固定电阻即产生可控电流输出。

系统模块框图如图 23-1 所示。

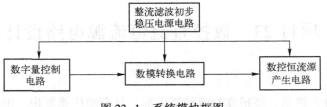

图 23-1　系统模块框图

 模块详解

1. 整流滤波初步稳压电源电路

整流滤波初步稳压电源电路由带中心抽头的变压器，桥式整流电路，电容滤波电路，三端稳压器 7812、7809、7909、7805 及滤波电容组成。变压器将市电降压，利用两个半桥轮流导通，形成信号的正半周和负半周。电路在三端稳压器的输入端接入 1000μF 电解电容用于电源滤波，其后并入 4.7μF 电解电容用于进一步滤波。在三端稳压器输出端接入 4.7μF 电解电容用于减小电压纹波，而并入 0.1μF 陶瓷电容用于改善负载的瞬态响应并抑制高频干扰。经过滤波后三端稳压器 7812 输出端为+12V 电压，7809 输出端为+9V电压，7909 输出端为−9V 电压，7805 输出端为+5V 电压，分别为后续电压控制部分和可控恒流源部分提供稳定供电电压。整流滤波初步稳压电源电路如图 23-2 所示。

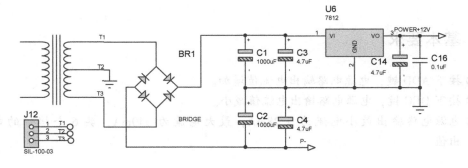

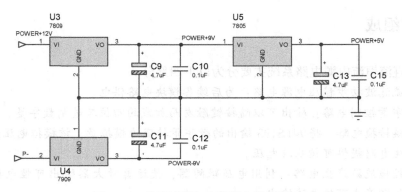

图 23-2　整流滤波初步稳压电源电路

2. 数字量控制电路

数字量控制电路由按键、上拉电阻及四位二进制可逆加减计数器 74LS193 芯片组成。由于本设计中只实现加计数、减计数功能，故将置数端 PL 置为无效电平高电平，清除端 MR 置为无效电平低电平。计数输入端 D0~D3 接地，表明计数器从 0000 开始计数。当加计数端 UP 由上升沿触发并且减计数端为高电平时，计数器功能为加计数。当减计数端 DN 由上升沿触发并且加计数端为高电平时，计数器功能为减计数。本电路中按键没有按下时，UP 和 DN 引脚为高电平；当非自锁按键按下时，相应引脚瞬间变为低电平，按键弹起时相应引脚又为高电平，从而产生上升沿使计数器工作。74LS193 功能表如表 23-1 所示，数字量控制电路如图 23-3 所示。

表 23-1　74LS193 功能表

MR	PL	UP	DN	MODE
H	X	X	X	Reset
L	L	X	X	Preset
L	H	H	H	No change
L	H	⌐	H	Count Up
L	H	H	⌐	Count Down

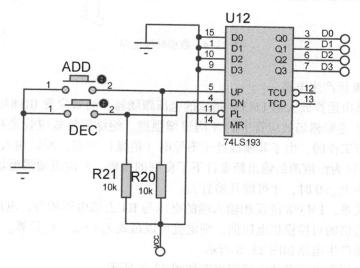

图 23-3　数字量控制电路

3. 数模转换电路

DAC 模块是整个系统的纽带，将控制部分的数字量转变为后面数控恒流源产生电路中需要的可控模拟电压量。这部分电路由数模转换芯片 DAC0832 和运算放大器 LM324 组成。DAC0832 主要由 8 位输入寄存器、8 位 DAC 寄存器、8 位 D/A 转换器及输入控制电路四部分组成。8 位 D/A 转换器输出与数字量成正比的模拟电流。本设计中$\overline{WR1}$、$\overline{WR2}$

189

和$\overline{\text{XFER}}$同时为有效低电平，8 位 DAC 寄存器端为高电平"1"，此时 DAC 寄存器的输出端 Q 跟随输入端 D 也就是输入寄存器 Q 端的电平变化。该数模转换电路采用 DAC0832 单极性输出方式，运算放大器 LM324 使 DAC0832 输出的模拟电流量转变为电压量。

输出 $V_{OUT1} = -BV_{REF}/256$，其中 B 的值为 DI0~DI7 组成的 8 位二进制数，V_{REF} 由电源电路提供-9V 的 DAC0832 的参考电压。本设计中前一级数字控制电路输出为 4 位二进制数，DAC0832 中待转换的数字量 DI0、DI1 接 D0，DI2、DI3 接 D1，以此类推，将 4 位二进制数接成 8 位输入。

数模转换电路如图 23-4 所示。

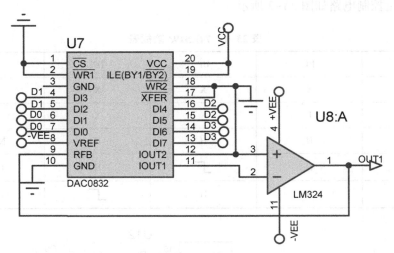

图 23-4　数模转换电路

4. 数控恒流源产生电路

这部分电路由运算放大器 LM358 搭成的电压跟随器、场效应管 IRF840 及相关电阻组成。IRF840 属于绝缘栅场效应管中的 N 沟道增强型。绝缘栅场效应管是利用半导体表面的电场效应进行工作的，由于其栅极处于不导电（绝缘）状态，所以输入电阻大大提高，最高达 $10^{15}\Omega$，这为恒流源的输出精度打下了良好的基础。N 沟道增强型场效应管的工作条件是：只有当 $V_{GS}>0$ 时，才可能开始有 I_0。

根据虚短关系，LM358 的反相输入端的电压与 R4 上端电压相等，电压值为前一部分数模转换电路输出的可控模拟电压值。则电流可以由式 $I_R = U_{IN2}/R_4$ 计算。

数控恒流源产生电路如图 23-5 所示。

数控直流恒流源电路整体电路原理图如图 23-6 所示。

电路实际测量结果分析：上电后先用毫安挡测量电流值，电流稍大时用安培挡测量电流值，输出电流有 5.28mA、21.39mA、85.6mA、112.6mA、120mA、340mA 这六个挡位，满足数控直流恒流源电路设计要求。

190

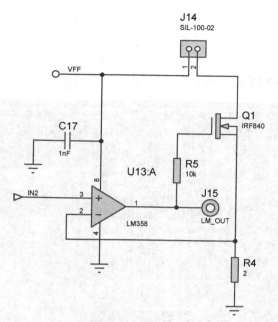

图 23-5　数控恒流源产生电路

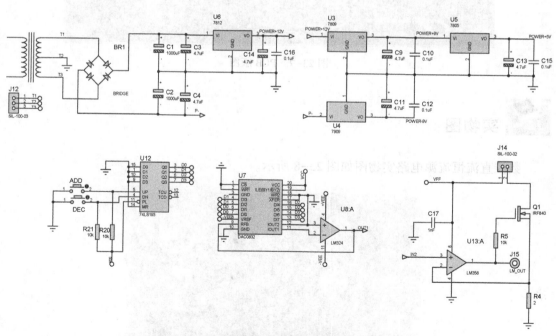

图 23-6　数控直流恒流源电路整体电路原理图

191

 **PCB 版图**

PCB 版图如图 23-7 所示。

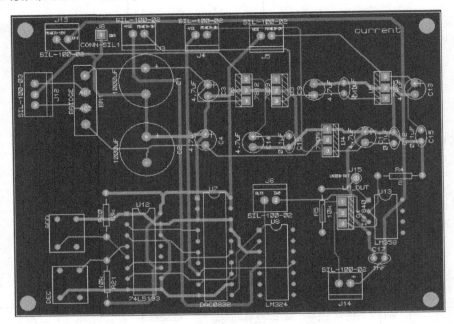

图 23-7　PCB 版图

 **实物图**

数控直流恒流源电路实物图如图 23-8 所示。

图 23-8　数控直流恒流源电路实物图

192

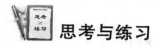 **思考与练习**

（1）场效应管 IRF840 有什么特点？其典型应用有哪些？

答：IRF840 属于第三代 Power MOSFETs，特点是噪声低、输入阻抗高、开关时间快，典型应用为电子镇流器、电子变压器、开关电源等。

（2）数控恒流源产生电路中，为什么选择场效应管而不选择三极管？

答：最常用的简易恒流源用两个同型三极管，利用三极管相对稳定的基极-发射极电压作为基准。为了能够精确输出电流，通常使用一个运算放大器作为反馈，同时使用场效应管避免三极管的基极-发射极电流导致的误差，有助于提高恒流源的精度。如果电流不需要特别精确，其中的场效应管也可以用三极管代替。

（3）怎样实现对 74LS193 进行上升沿触发？

答：硬件电路为 UP 和 DN 引脚接下拉按键和上拉电阻。按键没有按下时，UP 和 DN 引脚为高电平，当非自锁按键按下时，相应引脚瞬间变为低电平，按键弹起时相应引脚又为高电平，从而产生上升沿使计数器工作。

特别提醒

（1）由于实验室的电阻均为 1/4W 的功率，再结合电流源的输出电流即流过固定电阻 R4 的电流 $I_R = U_{IN2}/R_4$ 综合考虑，既要保证 I_R 不超过所选电阻额定功率下的额定电流，又要保证有合适数目的输出电流挡位，经过调试，选择 R_4 为 2Ω。

（2）当固定电阻相等时，如果需要输出电流挡位增多，即可以输出较大挡位的电流值，则需要更换较大功率的电阻。

项目 24   单电源变双电源电路设计

　　双电源由一个正电源和一个相等的负电源组成，一般是±15V、±12V、±5V，输入和输出电压都是参考地给出的。一般教科书中涉及的运算放大器都采用这种双电源的供电方法，但在一些实际生产设计中，当没有或只能采用单电源供电时，就有必要采取相应的解决方法了。

　　本项目设计的是单电源变双电源电路，目的是将+12V电压转变为±5V电压。这里利用7805稳压电路和7905稳压电路构成正负电压稳压电路，其中7805稳压电路将+12V电压直接稳压到+5V电压，运用NE555P构成逆变振荡电路，将+12V直流电压转变为交流电压，然后设计整流电路，对振荡电路的脉冲进行整流稳压，并且对电压进行极性的转换，将正电压转变为负电压，最后运用7905稳压电路将产生的负电压再进行稳压，稳定成-5V的电压。

设计任务

　　使用NE555P芯片、7805芯片及7905芯片共同构成单电源变双电源电路，将+12V电压转变为±5V电压。

基本要求

☺ 系统供电采用12V。
☺ 运用NE555P芯片构成的多谐振荡器，将直流电压信号进行振荡产生交流信号，再将交流信号进行整流转变为想要得到的负电压直流信号作为输出，并运用7905稳压电路将负电压再稳压成-5V电压。
☺ 运用7805稳压电路将+12V电压转变为+5V电压。

系统组成

　　单电源变双电源电路系统主要分为以下四部分。
☺ 直流稳压电源与供电显示电路：外接12V电源给整个系统供电，并运用发光二极管指示供电是否正常。
☺ 7805稳压电路：将+12V电压转变为+5V电压。

☺脉冲振荡电路：利用 NE555P 定时器将+12V 的直流稳定电压进行振荡，得到连续变化的振荡脉冲波形。

☺整流电路与 7905 稳压电路：对振荡电路的脉冲进行整流稳压，并且对电压进行极性的转换，从而输出负电压，再运用 7905 稳压电路将负电压转变为−5V 电压。

系统模块框图如图 24-1 所示。

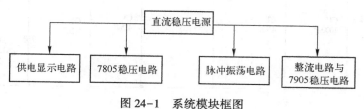

图 24-1　系统模块框图

 模块详解

1. 直流稳压电源与供电显示电路

本项目要将单电源转变为双电源电路，要将+12V 电压转变为±5V 电压，所以为了设计方便，直接用两脚接线端子外接+12V 电压作为输入电压。直流稳压电源与供电显示电路原理图如图 24-2 所示。

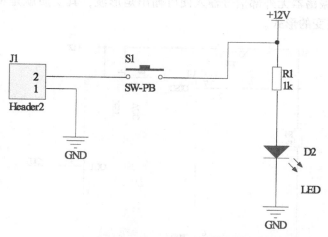

图 24-2　直流稳压电源与供电显示电路原理图

其中，J1 外接+12V 电源，S1 为开关，D2 为电源显示发光二极管，R1 为限流电阻，防止接上 12V 电源后烧毁发光二极管。

2. 7805 稳压电路

本项目将+12V 外接电压直接转变为+5V 电压，这里运用 7805 稳压电路，其原理图如图 24-3 所示。

7805 的输入端接入+12V 电压，经过稳压器得到+5V 电压，电容 C1~C4 起到滤波作用，发光二极管 D3 起到电源指示作用，电阻 R2 起到限流作用，防止烧毁 D3，接线端子

P1 作为 +5V 电压输出端。

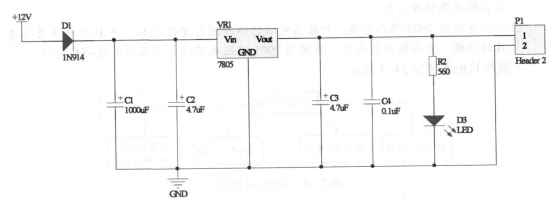

图 24-3　7805 稳压电路原理图

3. 脉冲振荡电路

要使输入的直流电压转换为要求输出的负电压，首先要进行逆变式的转换。利用的主要核心器件是 NE555P 定时器。

脉冲振荡电路原理图如图 24-4 所示。其中 R3、R4 和 C11 为外接元件。根据 NE555P 定时器的工作原理可知，电容充电时，定时器输出高电平；电容放电时，定时器输出低电平。电容不断地进行充、放电，输出端便获得规律的矩形方波。振荡频率取决于 R_3、R_4 和 C_{11} 的值。多谐振荡器无外部信号输入便可输出矩形波，其实质就是将直流电压变为交流电压，也就是逆变的形式。

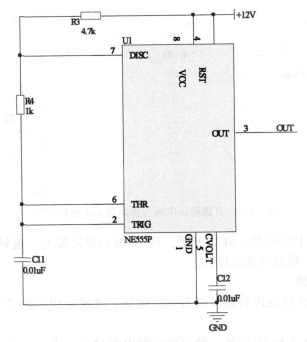

图 24-4　脉冲振荡电路原理图

196

4. 整流电路与 7905 稳压电路

采用 NE555P 定时器进行振荡后，应选择适当的整流电路对其输出进行处理。这里采用一种负电压产生电路，包括第一开关管 D4、第二开关管 D5、第一电容 C5、第二电容 C6，来自振荡器的电压通过第一开关管和第二开关管的源极和漏极接地。该二极管整流器可以将振荡器的输出倍压，产生负电压。这样就可以将 +12V 电压转变为负电压，然后通过 7905 稳压电路将负电压转变为 −5V 电压。整流电路与 7905 稳压电路原理图如图 24-5 所示，图中电容 C7~C10 起到滤波作用，发光二极管 D6 起到电源指示作用，电阻 R5 起到限流作用，防止烧毁 D6，接线端子 P2 作为 −5V 电压输出端。

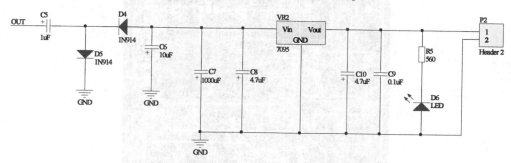

图 24-5　整流电路与 7905 稳压电路原理图

单电源变双电源电路整体电路原理图如图 24-6 所示。

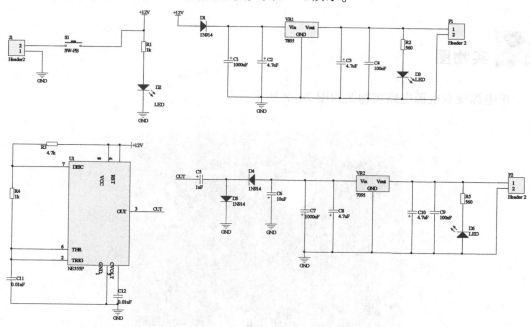

图 24-6　单电源变双电源电路整体电路原理图

经实物测试，输入 +12V 电压，接线端子 P1 输出 +5V 电压，接线端子 P2 输出 −5V 电压，达到设计目的，符合设计要求。

197

PCB 版图

PCB 版图如图 24-7 所示。

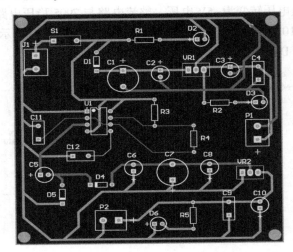

图 24-7　PCB 版图

实物图

单电源变双电源电路实物图如图 24-8 所示。

图 24-8　单电源变双电源电路实物图

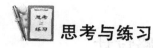 **思考与练习**

（1）本项目中利用 NE555P 定时器组成的脉冲振荡电路的作用是什么？

答：作用是利用 NE555P 定时器组成的脉冲振荡电路来输出矩形波，其实质就是将直流电压变为交流电压，也就是实现电流的逆变。

（2）本项目是如何实现+5V 电压输出的？

答：本项目利用 12V 电源供电，直接运用 7805 稳压电路将＋12V 电压转变为＋5V 电压。

（3）本项目是如何实现−5V 电压输出的？

答：本项目首先使用 NE555P 定时器组成的脉冲振荡电路输出矩形波，实现电流的逆变。然后选择适当的整流电路，这里采用一种负电压产生电路，包括第一开关管 D4、第二开关管 D5、第一电容 C5、第二电容 C6，来自振荡器的电压通过第一开关管和第二开关管的源极和漏极接地。这样的二极管整流器可以将振荡器的输出倍压，产生负电压，就可以将+12V 电压转变为负电压，最后通过 7905 稳压电路将负电压转变为−5V 电压。

 特别提醒

（1）焊接 PCB 之前首先要测试 PCB 有无短路。

（2）接入电源时，千万不要把电源正、负极接反，否则会烧毁元件。

项目 25　定时控制交流电源通断电路设计

　　有时我们需要定时控制交流电源的通断，从而能够在到达一定的定时时间以后自动断开电源。尤其当主人暂时外出而又无法即刻关闭某样电器的正常运行时，我们希望能够有一个定时装置，像闹钟一样在定时时间到达以后自动报警并能够断开电气设备与电源电路的连接，从而一方面起到安全用电、节约用电的作用，另一方面也能够节约时间同时去做其他的工作。

　　本项目设计一个定时控制交流电源通断电路，需要由两大部分组成，一是数字控制部分，二是交流驱动部分。数字控制部分采用 ATMEGA16 单片机作为主处理器，辅助设计选择按键电路、显示电路、LED 工作状态指示电路、电源电路和蜂鸣器电路。交流驱动部分为了简单易用考虑，采用了双向晶闸管作为控制通断的主要器件。

设计任务

　　利用单片机设计一个定时控制交流电源通断电路。

基本要求

　☺ 可以通过按键选择定时时间，定时时间到自动关断电源，并同时有声光报警提示。
　☺ 主控制电路工作电压为 5V，可采用 9V 直流供电或 220V 交流供电。可同时控制两路 220V 电源的通断过程。
　☺ 定时时间开始以后按倒计时方式显示，并可以通过按键中断或开启本次任务。
　☺ 设计、制作出能够短时定时控制 220V 交流电源通断的电路。

系统组成

　　定时控制交流电源通断电路系统主要分为以下五部分。
　☺ 系统电源电路：为后续各模块电路供电。
　☺ 显示电路：显示系统当前的工作模式、工作状态及时间值。
　☺ 按键及指示灯电路：按键可用来选择不同的工作模式，状态指示灯指示当前系统的工作状态。
　☺ 单片机最小系统电路：由 ATMEGA16 单片机构成的主处理器电路。

☺ 交流通断控制电路：控制交流电源的通断，从而控制外部设备的启停。

系统模块框图如图 25-1 所示。

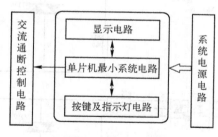

图 25-1　系统模块框图

 模块详解

1. 系统电源电路

如图 25-2 所示为系统电源电路。为了适应不同的电源条件，本设计可以采用直流 7.5~12V 的电源电压供电。系统电源电路是系统正常工作的保障，系统工作电压为 5V 直流，电路设计采用低压差稳压芯片 LM1117 稳压电源输出，最大输出电流可达 1A，完全满足本电路系统的电流要求。

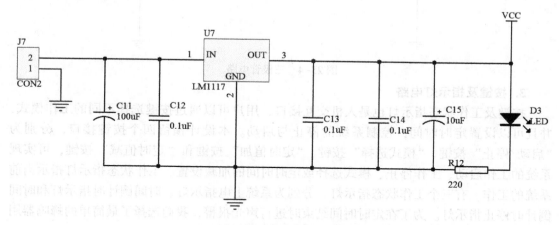

图 25-2　系统电源电路

2. 交流通断控制电路

如图 25-3 所示为交流通断控制电路，适应于 220V 交流电设备，本设计选用双向晶闸管和光电耦合芯片构成外部驱动电路和接口。单片机输出高低电平驱动三极管电路（如图 25-4 所示）控制光电耦合芯片的输出，可实现双向晶闸管的通断控制，从而达到外部设备的启停。该电路简单可靠，且光电耦合芯片的应用将强电和弱电部分完全隔离，使强电部分对系统的干扰达到最小。

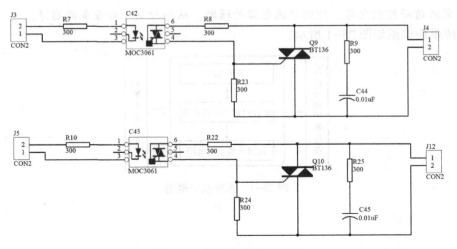

图 25-3　交流通断控制电路

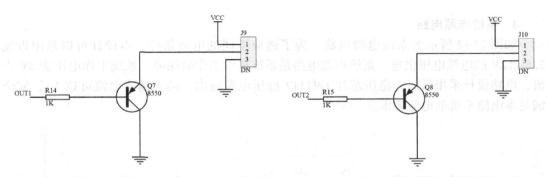

图 25-4　三极管电路

3. 按键及指示灯电路

按键及工作状态指示灯也是人机交互接口，用户可以通过按键选择不同的工作模式，并且可以设置定时时间，控制系统的停止与启动。本设计预留四个按键接口，分别为"启动/停止"按键、"模式选择"按键、"定时值加"按键和"定时值减"按键，可实现系统的工作启动、工作停止、模式选择或定时时间的加减设置。工作状态指示灯指示当前系统的工作。有三个工作状态指示灯，分别为系统上电指示灯、时间倒计时指示灯和时间倒计时停止指示灯。为了在定时时间结束时进行声光报警，我们选择了最简单的蜂鸣器用于报警提示音的输出，同时会有指示灯闪烁，提醒用户定时时间已到。

按键及指示灯电路如图 25-5 所示。

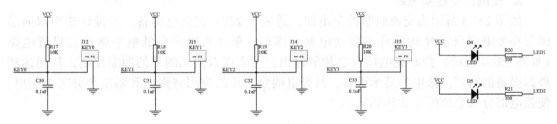

图 25-5　按键及指示灯电路

4. 单片机最小系统电路

单片机最小系统电路如图 25-6 所示，选择了较常用的 ATMEGA16 单片机来实现系统设计。

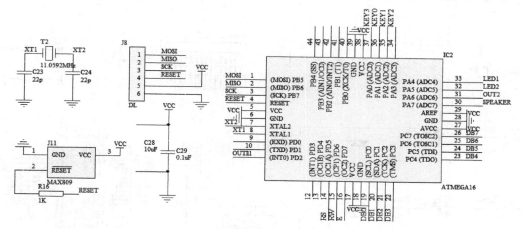

图 25-6　单片机最小系统电路

5. 显示电路

显示电路如图 25-7 所示。字符显示是系统与用户间的交互接口，用户可以通过显示屏看到系统当前的工作模式、工作状态及时间值。由于要求显示的字符个数有限，而且是一些字母和数字，所以选用了 DM1602C 液晶显示屏。字符型液晶模块是一种用 5×7 点阵图形显示字符的液晶显示器，可显示 2 行 16 个字。其特点是功耗低、体积小、显示内容丰富、超薄和轻巧。液晶显示屏采用 5V 电源供电。

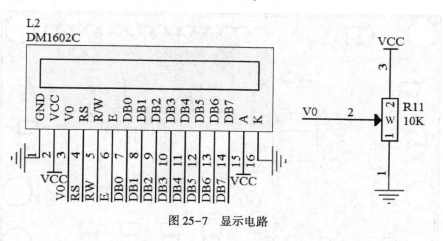

图 25-7　显示电路

经过实物测试，系统能够按照操作要求进行定时，并能按定时倒计时方式有效控制交流侧电源部分的开通与关断，能够有效保证后端交流电源部分的正常定时工作。

定时控制交流电源通断电路整体电路原理图如图 25-8 所示。

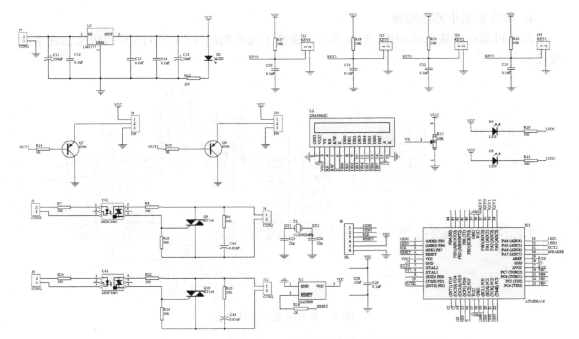

图 25-8　定时控制交流电源通断电路整体电路原理图

PCB 版图

PCB 版图如图 25-9、图 25-10 所示。

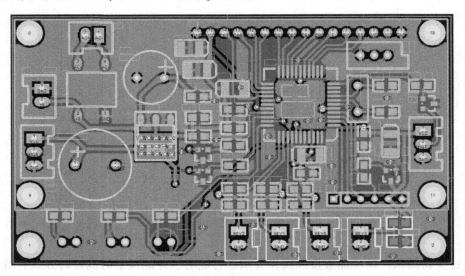

图 25-9　PCB 版图（数字控制部分）

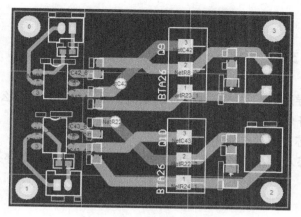

图 25-10　PCB 版图（交流驱动部分）

 **实物测试**

定时控制交流电源通断电路实物图如图 25-11 所示，定时控制交流电源通断电路测试图如图 25-12 所示。

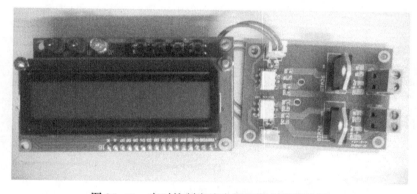

图 25-11　定时控制交流电源通断电路实物图

图 25-12　定时控制交流电源通断电路测试图

思考与练习

（1）在晶闸管导通后，去掉控制级 G 的电流，晶闸管将处于什么状态？

答： 晶闸管仍将处于导通状态。

（2）光电耦合芯片有什么作用？

答： 光电耦合芯片的应用将强电和弱电部分完全隔离，使强电部分对系统的干扰达到最小。

 特别提醒

（1）在测试电路过程中一定要注意电源接线，不能接反。

（2）设计完成后要对电路各部分进行功能测试。

（3）本电路涉及高压电路，在设计时应与控制部分分开，测试时注意安全。

项目 26　高频交流稳压电源电路设计

在医疗电路中，生物阻抗的测量是使用置于体表的电极或电极系统向被测对象注入微小的交流测量电流，检测相应的电阻抗及其变化情况，所以要求交流信号电流足够小，不会对人体产生危害，并且幅值恒定。为了避免对电流的感觉和减小皮肤-电极阻抗的影响，人体阻抗测量的电流频率以高于 20kHz 为宜，一般多用 50~100kHz，电容的影响可忽略不计。

交流稳压电源是能为负载提供稳定交流电源的电子装置，又称交流稳压器。各种电子设备要求有比较稳定的交流电源供电，特别是当计算机技术应用到各个领域后，采用由交流电网直接供电而不采取任何措施的方式已不能满足需要。利用振荡电路产生正弦 50kHz 交流信号，利用电压跟随器使交流信号稳幅，使输出不因负载变化而受到影响。

 设计任务

设计一个简单的适用于医疗电路中人体阻抗测量的交流稳压电源，使其输出 50kHz 的稳定交流电压。

 基本要求

☺ 能够提供交流稳压信号。
☺ 输出电流小，适用于生物阻抗的测量。

 系统组成

高频交流稳压电源电路系统主要分为以下两部分。
☺ 文氏电桥振荡电路：利用文氏电桥振荡电路产生 50kHz 的交流信号，提供所需的交流电压。
☺ 电压跟随电路：将产生的交流信号稳压，使其不随负载的变化而变化。
系统模块框图如图 26-1 所示。

```
┌──────────┐    ┌──────────┐    ┌──────────┐
│ 文氏电桥  │    │ 电压跟随  │    │ 交流稳压  │
│ 振荡电路  │───▶│ 电路     │───▶│ 50kHz    │
└──────────┘    └──────────┘    └──────────┘
```

图 26-1　系统模块框图

 模块详解

1. 文氏电桥振荡电路

文氏电桥振荡电路又称 RC 桥式正弦波振荡电路。正弦波振荡电路是在没有外加输入信号的情况下，依靠自激振荡而产生正弦波输出电压的电路。在正弦波振荡电路中，一要反馈信号能够取代输入信号，而若要如此，电路中必须引入正反馈；二要有外加的选频网络，用以确定振荡频率。所以正弦波振荡电路的组成包括放大电路、选频网络、正反馈网络和稳幅环节，其中，放大电路能够保证电路从起振到动态平衡的过程，使电路获得一定幅值的输出量，实现能量的控制；选频网络能够确定电路的振荡频率，使电路产生单一频率的振荡，即保证电路产生正弦波振荡；正反馈网络的引入使放大电路的输入信号等于反馈信号；稳幅环节也就是非线性环节，作用是使输出信号幅值稳定。

我们常将选频网络和正反馈网络合二为一，这里利用电流增大时二极管动态电阻小、电流减小时二极管动态电阻增大的特点，再将两个并联的二极管与反馈电阻串联，构成稳幅环节。比例系数为

$$A_u = 1 + \frac{ATM_1 + R_3}{ATM_2} \tag{26-1}$$

式中，ATM_1 和 ATM_2 是变阻器 RV1 的两部分电阻，即 $R_{V1} = ATM_1 + ATM_2$，ATM1 与 R3 串联构成反馈回路，ATM2 接地。

R1、R2、C1、C2 构成 RC 串并联选频网络。其中 $R_1 = R_2 = R$，$C_1 = C_2 = C$，由于设计要求振荡频率为 50kHz，所以有

$$f_0 = \frac{1}{2\pi RC} = 50kHz \tag{26-2}$$

求得 $RC = 3.18 \times 10^{-3}$。取 $C = 470pF$，则根据上式有 $R \approx 6.8k\Omega$。R3、D1、D2 构成反馈网络和稳幅网络。根据公式

$$A_u = 1 + \frac{ATM_1 + R_3}{ATM_2} \geqslant 3 \tag{26-3}$$

选择 $R_{V1} = 2k\Omega$，$R_3 = 2k\Omega$，调节 R_{V1}，可以起到调节 A_u 的作用。

文氏电桥振荡电路原理图如图 26-2 所示。

2. 电压跟随电路

在电路中，电压跟随器一般做缓冲级（buffer）及隔离级。因为，电压放大器的输出阻抗一般比较高，通常在几千欧到几十千欧，如果后级的输入阻抗比较小，那么信号就会有相当的部分损耗在前级的输出电阻中。在这个时候，就需要用电压跟随器进行缓冲，起到承上启下的作用。

电压跟随电路中运算放大器均采用 OPA552PA 集成运放。OPA552PA 是一种高电压、大电流运算放大器。其特点为：低噪声、低精度、高输出，其输出大电流可达 200mA；其最优增益为 5 或更大，并提供更高转换速率 24V/μs 及 12MHz 的带宽，适用于电话、音频、伺服和测试应用程序。

电压跟随电路原理图如图 26-3 所示。

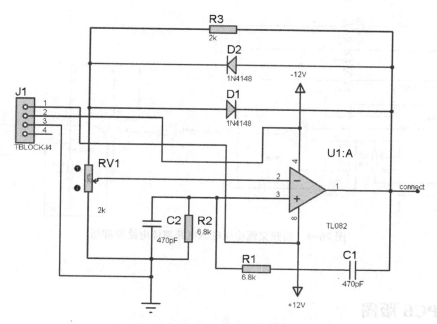

图 26-2　文氏电桥振荡电路原理图

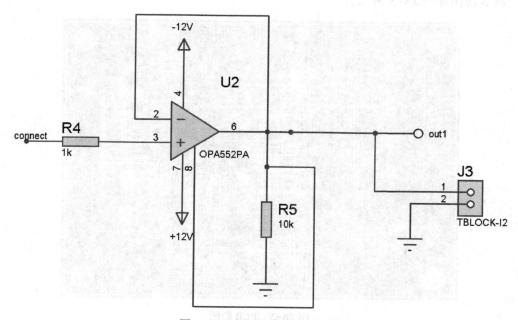

图 26-3　电压跟随电路原理图

高频交流稳压电源电路整体电路原理图如图 26-4 所示。

对电路板进行实际测试，示波器显示输出稳定的正弦波交流信号，幅值在 1.26 ~ 18.0V 之间可调，频率为 46.3kHz，当负载为 100Ω、1kΩ、20kΩ、50kΩ 时输出电压均正常，实测基本符合设计要求。

209

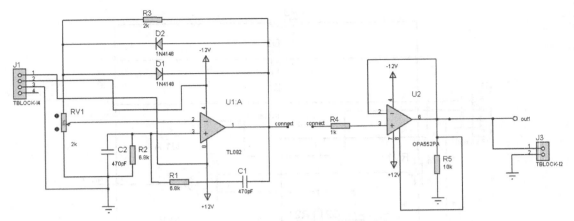

图 26-4 高频交流稳压电源电路整体电路原理图

 **PCB 版图**

PCB 版图如图 26-5 所示。

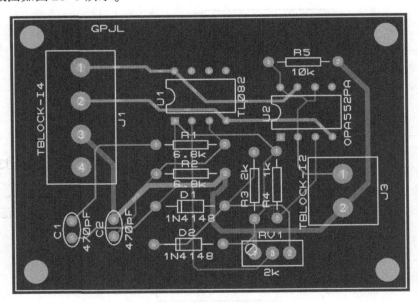

图 26-5 PCB 版图

 实物测试

高频交流稳压电源电路实物图如图 26-6 所示，高频交流稳压电源电路测试图如

图 26-7 所示。

图 26-6　高频交流稳压电源电路实物图

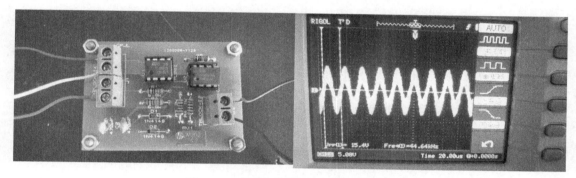

图 26-7　高频交流稳压电源电路测试图

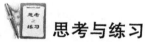 **思考与练习**

（1）文氏电桥振荡电路的起振条件和稳幅原理是什么？

答：振荡器在刚刚起振时，为了克服电路中的损耗，需要正反馈强一些，即要求 $|\dot{A}\dot{F}|>1$，这称为起振条件。既然 $|\dot{A}\dot{F}|>1$，起振后就要产生增幅振荡，需要靠三极管大信号运用时的非线性特性去限制幅度的增加，这样电路必然会产生失真。这就要靠选频网络的作用，选出失真波形的基波分量作为输出信号，以获得正弦波输出。

（2）简述电路中电压跟随器的作用。

答：一是提高带负载能力：共集电极放大电路的输入高阻抗、输出低阻抗的特性，使得它在电路中可以起到阻抗匹配的作用，能够使后一级的放大电路更好地工作。二是隔离作用：电压隔离器的输出电压近似输入电压幅度，并对前级电路呈高阻态，对后级电路呈低阻态，因而对前、后级电路起到隔离作用。三是缓冲作用：电压放大器的输出阻抗一般比较高，通常在几千欧姆到几十千欧姆，如果后级的输入阻抗比较小，那么信号就会有相当的部分损耗在前级的输出电阻中。在这个时候，就需要用电压跟随器进行缓冲，起到承上启下的作用。

（3）如何验证设计电路是否满足设计要求，产生交流稳压电源？

答： 利用 Proteus 软件对电路进行仿真，用示波器和图表观察输出电压波形，通过改变负载电阻观察得到的交流电压波形是否失真，以此验证电路是否满足设计要求。

 特别提醒

（1）上电后首先调节电位器，直到满足起振条件后，观察有波形输出再进行后续操作。

（2）电路测试中，要在输出端接入负载来测试输出电压稳定性。

项目 27　可调式高压直流电源电路设计

高压直流电源又称直流高压电源，它是一种输入市电或三相交流电，输出数千伏甚至数万伏以上直流电压的电源，输出功率为数百瓦至数千瓦，一般可稳压或稳流。早先的直流高压电源是将交流市电或三相电由工频高压变压器升压变成交流高压电，然后整流、滤波得到直流高压电。由于频率低，电源的体积和质量都比较大，转换效率和稳定度差。随着开关电源技术的发展与成熟，采用高频开关变换技术结合高压电源的特点而研制的直流高压电源成为主流。

设计任务

设计一个简单的直流电源，将直流电压+21V 经过可调电源电路输出在一定范围内变化的电压，再经过倍压器输出+72～+102V 稳定可调高电压。

基本要求

☺ 能够输出稳定可调的直流电压。
☺ 采用 6 倍倍压器电路产生稳定的直流电压。

系统组成

可调式高压直流电源电路系统主要分为以下三部分。
☺ 可调电源电路：利用 LM317T 输出可调电压。
☺ 多谐振荡电路：利用 NE555 定时器连接成一个多谐振荡器，振荡频率为 2kHz。
☺ 倍压整流电路：将较低的电压通过电容的储能作用输出一个较高的电压。
系统模块框图如图 27-1 所示。

图 27-1　系统模块框图

模块详解

1. 可调电源电路

利用 LM317T 构成一个输出在一定范围可调的直流稳压电源。

使用三端稳压器有以下优点：①元件数量少；②带有限流电路，输出短路时不会损坏元件；③具有热击穿功能。三端稳压器选择 LM317T（输出电流为 1.5A，输出电压可在 1.25~37V 之间连续调节），其输出电压由外接电阻 R4、R5、RV1 决定，输出电压可调整为在 +12~+18V 之间变化。输出端和调整端之间的电压差为 1.25V。在输出端同时并入二极管 D8（型号为 1N4001），当三端稳压器未接入输入电压时可保护其不至损坏。

在三端稳压器输出端接入电解电容 $C_{10}=4.7\mu F$ 用于减小电压纹波，而并入陶瓷电容 $C_{14}=100nF$ 用于改善负载的瞬态响应并抑制高频干扰（陶瓷小电容电感效应很小，可以忽略，而电解电容因为电感效应在高频段比较明显，所以不能抑制高频干扰）。可调电源电路原理图如图 27-2 所示。

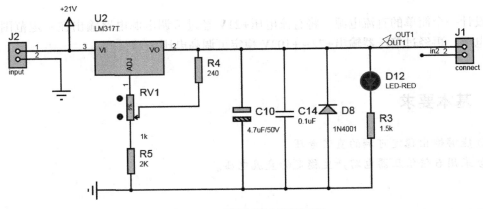

图 27-2　可调电源电路原理图

2. 多谐振荡电路

主要利用 NE555 来构成多谐振荡电路，其中 6 脚称为阈值端，是上比较器的输入，2 脚为触发端，是下比较器的输入，3 脚为输出，7 脚是放电端，4 脚是复位端，5 脚为控制电压端。2 脚与 6 脚互补，当 2 脚电压小于 $1/3V_{CC}$ 时，3 脚输出高电平；当 6 脚电压大于 $2/3V_{CC}$ 时，3 脚输出低电平。通过 R1、R2、C1 的充放电作用，反复使 2 脚或 6 脚有效，从而在 3 脚输出方波，通过公式 $T=(R_1+2R_2)\times C\times\ln 2$ 算得振荡周期为 0.00048s，从而振荡频率约为 2kHz。这样我们在输出端即可得到 2kHz 的方波。多谐振荡电路原理图如图 27-3 所示。

3. 倍压整流电路

当 NE555 输出电压处于负半周期时，D2 导通，D1 截止，C3 充电，C3 电压最大值可达 V_m，当 NE555 输出电压处于正半周期时，D1 导通，D2 截止，C4 充电。由于电荷的储存作用，可以使 C4 电压变为 NE555 输出电压的 2 倍，从而达到要求。要说明的是：其实

C2 的电压无法在一个半周期内即充至 $2V_m$，它必须在几个周期后才可渐渐趋近于 $2V_m$。接下来的几级倍压电路与上述原理一致，设置五组这样的倍压电路，可以达到对倍压电路输入电压放大 6 倍的效果。倍压整流电路原理图如图 27-3 所示。

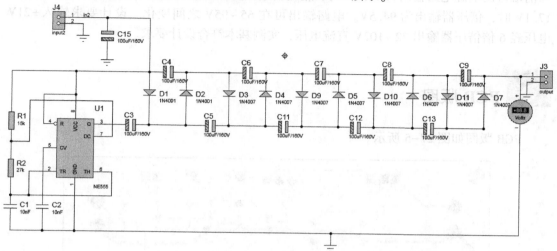

图 27-3　多谐振荡电路与倍压整流电路原理图

可调式高压直流电源电路整体电路原理图如图 27-4 所示。

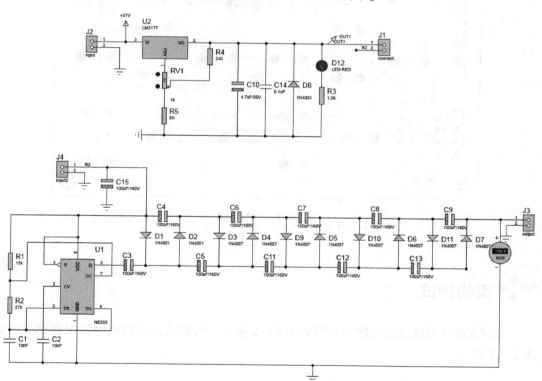

图 27-4　可调式高压直流电源电路整体电路原理图

215

经过对电路板进行实测，输入+21V直流稳压源，当前端可调电源电路输出为12.04V时，倍压器输出为64.9；当前端可调电源电路输出为12.99V时，倍压器输出为70.6V；当前端可调电源电路输出为16.0V时，倍压器输出为87.1V；当前端可调电源电路输出为17.1V时，倍压器输出为94.5V。电路输出可在65~95V之间变化。设计要求输入+21V电压经6倍倍压器输出72~102V直流电压，实测基本符合设计要求。

PCB 版图

PCB版图如图27-5所示。

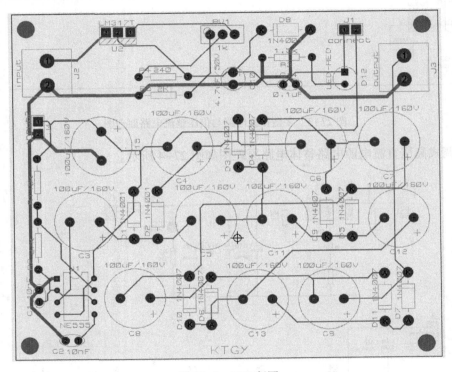

图27-5 PCB版图

实物测试

可调式高压直流电源电路实物图如图27-6所示，可调式高压直流电源电路测试图如图27-7所示。

图 27-6 可调式高压直流电源电路实物图

图 27-7 可调式高压直流电源电路测试图

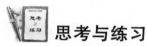 **思考与练习**

（1）NE555 定时器在电源电路中的典型应用有哪些？

答：典型应用有单电源变双电源、直流倍压电源、负电压产生电源、逆变电源等。

（2）倍压电源电路中对二极管有什么要求？

答：第一级倍压整流电路中，正半周时，二极管 D1 所承受的最大逆向电压为 $2V_m$；负半周时，二极管 D2 所承受的最大逆向电压也为 $2V_m$，所以电路中应选择 PIV（反向峰值电压）$>2V_m$ 的二极管。根据电路中的电压值选择二极管，在电路中前级二极管选择 1N4001，后级二极管均选择 1N4007。

（3）在倍压器中进行电容的选取时可以得到什么结论？

答：倍压电路中电容的取值可以不同，可以通过减小某些对输出影响不大的电容来达到节约成本、减小电路体积的目的。要使其通过参数组合能得到良好的倍压效果。

（4）如何计算 LM317T 输出端可调整的电压值范围？

答：计算公式为 $U_。=\left(1+\dfrac{R_{V1}+R_5}{R_4}\right)\times1.25$。

 特别提醒

对电路进行故障分析时需注意，当二极管中有一个开路时，都不能得到 6 倍的直流电压。

项目 28　基于 LD1117D12 的固定式恒流源电路设计

　　恒流源是一种能向负载提供恒定电流的电源装置，它具有响应速度快、恒流精度高、能长期稳定工作、适合各种性质负载（阻性、感性、容性）等优点，主要用于检测热继电器、塑壳断路器、小型短路器及需要设定额定电流、动作电流、短路保护电流等的生产场合。恒流源的实质是利用器件对电流进行反馈，动态调节设备的供电状态，从而使得电流趋于恒定。常用的稳流电源通常利用一个电压基准，在电阻上形成固定电流。

　　本项目用 LD1117D12 实现一个简单的固定式稳流电源，且输出值不随负载的变化而变化。其设计思路主要是令电路产生一个基准电压输入到运算放大器的输入端，通过负反馈作用，保持输出电流恒定。

 设计任务

用 LD1117D12 设计一个固定式恒流源电路，使其输出 1A 左右的恒定电流。

 **基本要求**

☺ 能够提供稳定的 1A 恒流输出。

☺ 恒流精度≤±0.2%。

☺ 负载变化范围在 0~10Ω 内电流输出稳定。

系统组成

基于 LD1117D12 的固定式恒流源电路系统主要分为以下两部分。

☺ 基准电压输出电路：产生恒流源需要利用一个电压基准，在电阻上形成固定电流，这里利用 LD1117D12 产生基准电压。

☺ 恒流源产生电路：利用电压跟随器，产生恒定输出电压，恒定电压除以固定电阻产生恒定电流。

系统模块框图如图 28-1 所示。

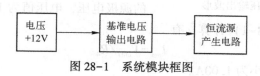

图 28-1　系统模块框图

219

模块详解

1. 基准电压输出电路

基准电压 V_{REF}（1.2V）由 LD1117D12 产生，LD1117D12 属于低压差线性稳压器，输出电压为+1.2V，最大输出电流为 800mA，稳压器的最小标准值压差为 1V，即输入端电压应该在 2.2V 以上。

在稳压器输入端接入电容 $C_1 = 100nF$ 用于改善负载的瞬态响应，在输出端接入电容 $C_2 = 10\mu F$ 用于减小电压纹波。这个基准电压由 R1 和 R2 分压后输出设置 out1 端电位，来调节恒流源所需输出电流。

基准电压输出电路仿真图如图 28-2 所示。基准电压输出端 out1 输出波形用图表显示，如图 28-3 所示。

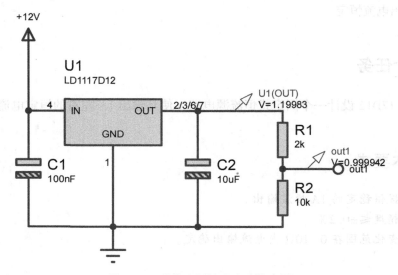

图 28-2　基准电压输出电路仿真图

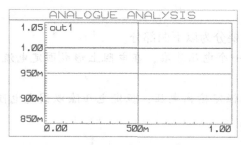

图 28-3　基准电压输出波形

如图 28-3 所示，可以在基准电压输出端 out1 处得到稳定的直流电压，大小约为 1.0V。

2. 恒流源产生电路

基准电压输出电路的输出端 out1 处输出稳定的 1.0V 基准电压至运算放大器的输入端。根据虚短关系，运算放大器的同相输入端电压等于反相输入端电压，同时也等于场效应管 Q1 的源极电压，电压值为 1.0V。当场效应管导通时，电流 I_{out} 根据式（28-1）计算，有

$$I_{out} = V_{out1}/R_4 \tag{28-1}$$

则输出电流可计算，大小为 1.00A。

当运算放大器同相输入端电压不变时，其输出电压也保持恒定。显然，流过负载的电流即场效应管 Q1 的漏源电流 I_{ds} 也保持恒定。当某种原因导致负载电流增大时，I_{ds} 在 R4 上的压降也增大，由于电压负反馈的作用，使得运算放大器的输出电压降低，I_{ds} 减小，反之亦然。这就是该电路恒流的基本原理。

电路中场效应管应选择 IRF840，IRF840 属于第三代 Power MOSFETs，其特点是噪声低、输入阻抗高、开关时间短。典型应用为电子整流器、电子变压器、开关源等。IRF840 是绝缘栅场效应管中的 N 沟道增强型。N 沟道增强型场效应管的工作条件是：只有当栅极电位低于漏极电位时，才趋于导通。

恒流源产生电路空载仿真图如图 28-4 所示。

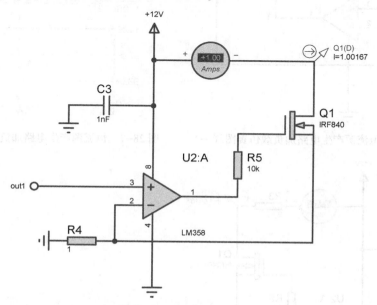

图 28-4　恒流源产生电路空载仿真图

由图 28-4 可知，实际电流输出为 1.00167A，经计算，恒流精度为 0.16%，满足设计要求。

恒流源产生电路空载输出波形如图 28-5 所示。

在电路输出端加入 2Ω 负载进行测试，其仿真图如图 28-6 所示。此时的输出电流为 1.00167A，经计算，恒流精度为 0.16%，满足设计要求。加入负载后，恒流源产生电路

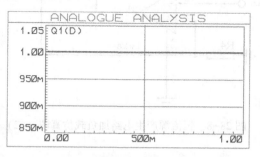

图 28-5　恒流源产生电路空载输出波形

输出波形如图 28-7 所示，可见恒流源电路输出值一直稳定在 1.00A，即电源此时具有较好的稳定性。

之后，将负载调整为 9Ω，其输出结果如图 28-8 所示。此时的输出电流为 1.00167A，经计算，恒流精度为 0.16%，满足设计要求。图 28-9 所示为输出波形，可见恒流源电路输出值一直稳定在 1.00A，即电源此时具有较好的稳定性。

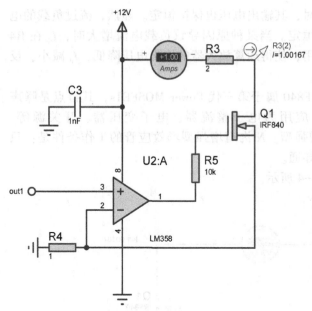

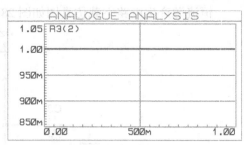

图 28-6　恒流源产生电路加负载仿真图（一）　　　图 28-7　恒流源产生电路加负载输出波形（一）

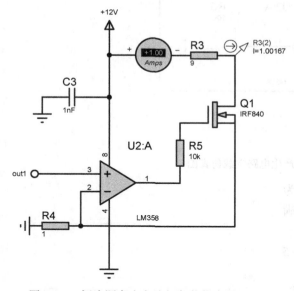

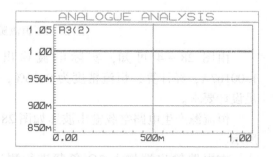

图 28-8　恒流源产生电路加负载仿真图（二）　　　图 28-9　恒流源产生电路加负载输出波形（二）

 注意

　　设计中，只有当栅极电位低于漏极电位时，场效应管才趋于导通。所以当负载过大时，由于流过的电流为恒流，会导致栅极电位与漏极电位逐渐相等，最终场效应管截止，此时不会输出稳定恒流。

　　为了测得输出电流稳定时可承受负载的范围，在电路输出端接一最大阻值为 100Ω 的滑动变阻器作为负载进行测试，如图 28-10 所示。

222

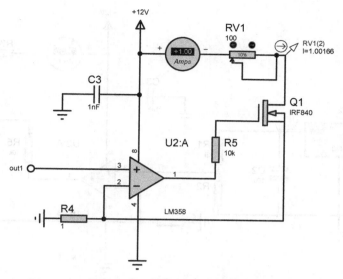

图 28-10 测试恒流源产生电路可承受负载范围（一）

经测试，当负载在 0～10Ω 范围内时，恒流源产生电路输出 1A（±0.2%）电流，满足设计要求。

当负载大于 10Ω 时，由于栅极电位与漏极电位逐渐相等，导致场效应管截止，此时不会输出稳定恒流。如图 28-11 所示，此时负载为 11Ω，输出电流为 0.963656A，经计算，恒流精度为 3.6%，不满足恒流电路输出要求。

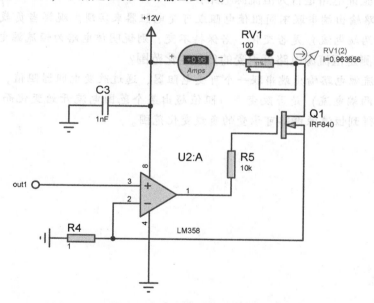

图 28-11 测试恒流源产生电路可承受负载范围（二）

基于 LD1117D12 的固定式恒流源电路整体电路原理图如图 28-12 所示。

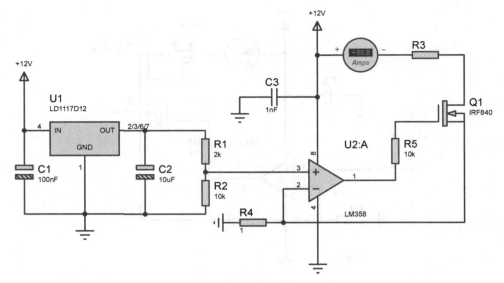

图 28-12　基于 LD1117D12 的固定式恒流源电路整体电路原理图

 思考与练习

（1）如何验证电路是否为恒流源电路？

答：在电路输出端串联不同阻值电阻或可变电阻器来实现。观察当负载变化时，输出电流（即负载两端电流）是否变化，若保持不变，则说明该电路为恒流源电路。

（2）如何测定恒流源电路可承受的负载变化范围？

答：在恒流源电路输出端串联一个可变电阻器，通过改变电阻器阻值，观察电路输出电流（即负载两端电流）是否改变。当阻值超出某个范围电流开始变化而不能保持恒流输出时，即可得到恒流源电路可承受的负载变化范围。

项目 29 基于 LD1117V25 的可调式恒流源电路设计

在工程应用中，仅使用固定式恒流源电路是远远不能满足需求的。本次可调式恒流源电路在固定式恒流源电路的基础上进行改造，在保留了其精确、易实现、成本低等优势的前提下实现了输出稳定电流值的可调功能，有较大的实用意义与学习价值。

可调式恒流源的搭建同样以提供电压基准的器件为核心，本项目中电压基准由 LD1117V25 产生。其设计思路是令电路产生一个基准电压输入到运算放大器的输入端，同时使用场效应管，通过负反馈作用，保持输出电流不变。此外，可通过电位器来调节基准电压值的大小，从而实现恒流源的可调功能。

 设计任务

用 LD1117V25 设计一个可调式恒流源电路，使其输出 0~50mA 的恒定电流。

 **基本要求**

☺ 能够提供稳定的 0~50mA 恒流输出。
☺ 不因负载（输出电压）变化而变化。

系统组成

基于 LD1117V25 的可调式恒流源电路系统主要分为以下两部分。
☺ 基准电压输出电路：产生恒流源需要利用一个电压基准，在电阻上形成恒定电流，这里利用 LD1117V25 产生基准电压。
☺ 恒流源产生电路：利用电压跟随器，产生恒定输出电压，恒定电压除以固定电阻产生恒定电流。

系统模块框图如图 29-1 所示。

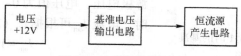

图 29-1 系统模块框图

模块详解

1. 基准电压输出电路

基准电压 V_{REF}（2.5V）由 LD1117V25 产生，LD1117V25 属于低压差线性稳压器，输出电压为+5V，最大输出电流为 800mA，稳压器的最小标准值压差为 1V，即输入端电压应大于 3.5V。

在稳压器输入端接入电容 $C_1 = 100\mathrm{nF}$ 用于改善负载的瞬态响应，在输出端接入电容 $C_2 = 10\mu\mathrm{F}$ 用于减小电压纹波。这个基准电压由电阻 R1 和可变电阻器 RV1 分压后输出设置 out1 端电位，来调节恒流源所需输出电流。其输出基准电压为

$$V_{\mathrm{out1}} = \frac{R_{\mathrm{V1}}}{R_1 + R_{\mathrm{V1}}} V_{\mathrm{REF}} \tag{29-1}$$

由式（29-1）可知，选取 $R_1 = 48\mathrm{k}\Omega$，$R_{\mathrm{V1}} = 0 \sim 2\mathrm{k}\Omega$ 时，V_{out1} 的变化范围为 $0 \sim 100\mathrm{mV}$。将 RV1 调整至位置 1（30%）处，输出电压约为 30mV，基准电压输出电路仿真图如图 29-2 所示。基准电压输出端 out1 输出波形用图表显示，如图 29-3 所示。

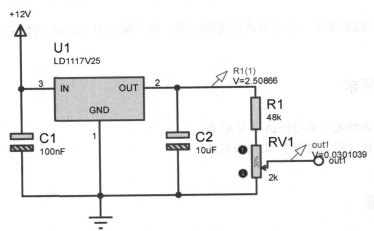

图 29-2　RV1 处于位置 1 时的基准电压输出电路仿真图

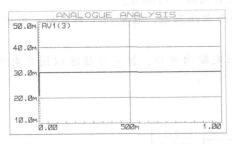

图 29-3　RV1 处于位置 1 时的基准
电压输出波形

2. 恒流源产生电路

基准电压输出电路的输出端 out1 处输出稳定的 $0 \sim 100\mathrm{mV}$ 基准电压至运算放大器的输入端。根据虚短关系，运算放大器的同相输入端电压等于反相输入端电压，同时也等于场效应管 Q1 的源极电压，电压值为 $0 \sim 100\mathrm{mV}$。当场效应管导通时，电流 I_{out} 可根据式（29-2）计算，有

$$I_{\mathrm{out}} = V_{\mathrm{out1}} / R_4 \tag{29-2}$$

选取 R_4 为 2Ω，则输出电流 I_{out} 大小为 $0 \sim 50\mathrm{mA}$。

当运算放大器同相输入端电压不变时，其输出电压也保持恒定。显然，流过负载的电流即场效应管 Q1 的漏源电流 I_{ds} 也保持恒定。当某种原因导致负载电流增大时，I_{ds} 在 R4 上的压降也增大，由于电压负反馈的作用，使得运算放大器的输出电压降低，I_{ds} 减小，反之亦然。这就是该电路恒流的基本原理。

电路中场效应管应选择 IRF840，IRF840 属于第三代 PowerMOSFETs，其特点是噪声低、输入阻抗高、开关时间短。典型应用为电子整流器、电子变压器、开关源等。IRF840 是绝缘栅场效应管中的 N 沟道增强型。N 沟道增强型场效应管的工作条件是：只有当栅极电位低于漏极电位时，才趋于导通。

将 RV1 调整至位置 1（30%）处，V_{out1} 为 30mV，根据公式计算输出电流 I_{out} 为 15mA。此时恒流源产生电路空载仿真图如图 29-4 所示。由仿真图可知，实际输出电流约为 15.4mA。

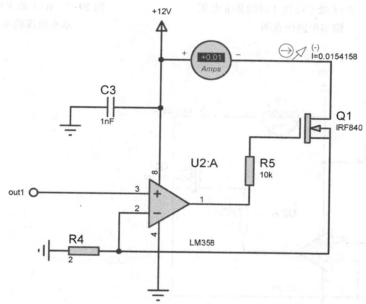

图 29-4　RV1 处于位置 1 时的恒流源产生电路空载仿真图

RV1 处于位置 1 时的恒流源产生电路空载输出波形如图 29-5 所示。

将基准电压输出电路中的 RV1 调整至位置 2（90%）处，V_{out1} 为 90mV，基准电压输出电路仿真图如图 29-6 所示，输出波形如图 29-7 所示。

此时场效应管同样导通，电流 I_{out} 可以根据式（29-2）计算，其大小为 45mA，恒流源产生电路空载仿真图如图 29-8 所示，输出波形如图 29-9 所示。由仿真图可知，实际输出电流约为 45.5mA。

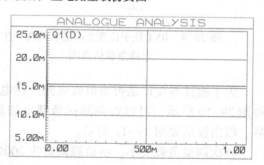

图 29-5　RV1 处于位置 1 时的恒流源
产生电路空载输出波形

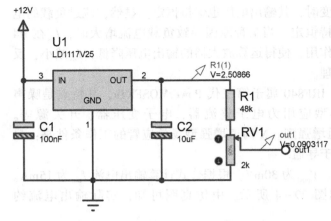

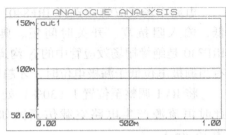

图 29-6　RV1 处于位置 2 时的基准电压
输出电路仿真图

图 29-7　RV1 处于位置 2 时的
基准电压输出波形

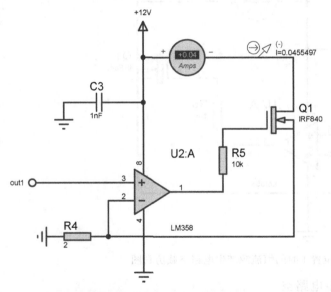

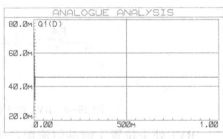

图 29-8　RV1 处于位置 2 时的恒流源产生
电路空载仿真图

图 29-9　RV1 处于位置 2 时的恒流源
产生电路空载输出波形

　　为了验证本设计是否为恒流电路，在电路输出端加入 50Ω 负载进行测试，其仿真图如图 29-10 所示，可以看到测试负载电流输出约为 45.5mA，与空载时相同。加入负载后，输出波形如图 29-11 所示。

　　再次调整负载大小，将负载调整为 200Ω，其仿真结果如图 29-12 所示。

　　用图表显示输出波形，如图 29-13 所示，可见恒流源电路输出值一直稳定在约 45.5A，即电源此时具有较好的稳定性。

　　基于 LD1117V25 的可调式恒流源电路整体电路原理图如图 29-14 所示。

228

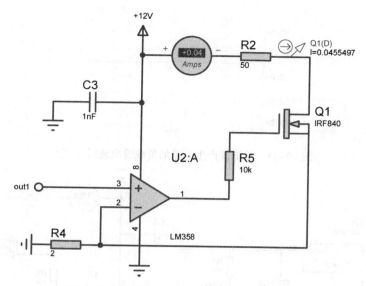

图 29-10　恒流源产生电路加负载仿真图（一）

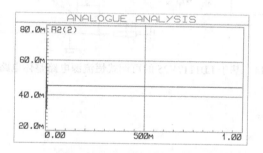

图 29-11　恒流源产生电路加负载输出波形（一）

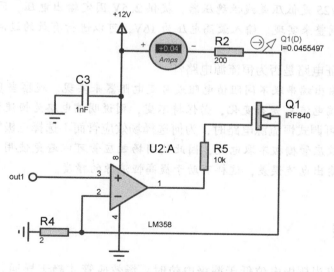

图 29-12　恒流源产生电路加负载仿真图（二）

图 29-13 恒流源产生电路加负载输出波形（二）

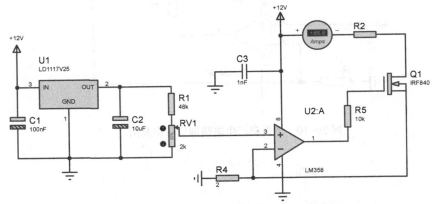

图 29-14 基于 LD1117V25 的可调式恒流源电路整体电路原理图

 思考与练习

（1）LD1117V25 有何特性?

答：LD1117V25 是低压差线性稳压器，提供 2.5V 固定输出电压，同时也提供可调输出，用外接电阻调整来实现。输入最高电压为 16V，可以进行有效的过温和过流保护，应用范围广泛。

（2）如何验证电路是否为恒流源电路?

答：在电路输出端串联不同阻值电阻或可变电阻器来实现。观察当负载变化时，输出电流（即负载两端电流）是否变化，若保持不变，则说明该电路为恒流源电路。

（3）在设计可调式恒流源电路时，为何选择场效应管而不选择三极管?

答：由于场效应管栅极不取电流，因此使用场效应管可以避免使用三极管时基极–发射极电流导致的输出电流误差，这样有助于提高恒流源的精度。

 特别提醒

设计中，只有当栅极电位低于漏极电位时，场效应管才趋于导通。所以当负载过大时，由于流过的电流为恒流，会导致栅极电压与漏极电位逐渐相等，最终场效应管截止，此时不会输出稳定恒流。

项目 30　基于 LD1117D50 的低压差直流稳压电源电路设计

　　线性稳压器即线性电压调节器，其输入与输出之间的电压差是一个非常重要的技术指标。为减少稳压器的自身损耗，提高系统效率，人们总是希望稳压器本身的电压降尽可能小一些。常规三端稳压器如 78×× 系列，对稳压器的要求为输入电压比输入电压高 3～4V，这样的要求有时会显得十分苛刻，于是相应的稳压器随之诞生，输入电压与输出电压之差比较小的稳压器被称作低压差稳压器（LDO）。

　　本项目使用变压器对市电进行降压，变为所需的交流电压；使用全波整流电路将交流电压变为单向脉动的直流电压，由于脉动直流电压不能直接使用，需要使用滤波电路将脉动的直流电压转变为平滑的直流电压，主要利用储能元件电容来实现；经过滤波后，将直流电压通过低压差稳压器稳压输出目标电压。从基本原理来看，低压差稳压器根据负载电阻的变化情况来调节自身的内电阻，从而保证稳压输出端的电压不变。

 ## 设计任务

　　设计一个低压差（压差标准值小于 1V）直流稳压电源，将市电转变为直流稳压 +5V。

 ## 基本要求

☺ 能够提供稳定的 +5V 直流电压。

☺ 输出电压精度 ≤1%，输出电流范围为 1～1300mA。

☺ 具有有效过流和过温及短路保护功能。

系统组成

　　基于 LD1117D50 的低压差直流稳压电源电路系统主要分为以下四部分。

☺ **降压电路**：利用变压器对 220V 交流电网电压进行降压，变为所需要的交流电压，以满足 +5V 电源输出的需要。

☺ **整流电路**：将交流电压变为单向脉动的直流电压。

☺ **滤波电路**：滤除整流电路输出的直流电中的纹波，将脉动的直流电压转变为平滑的直流电压，主要利用储能元件电容来实现。

☺ **稳压电路**：清除电网波动及负载变化的影响，保持输出电压的稳定。

系统模块框图如图 30-1 所示。

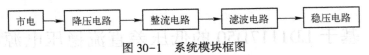

图 30-1　系统模块框图

 **模块详解**

1. 降压电路

　　交流电压输入设置为 311V，频率设置为 50Hz，模仿市电变压后的低压交流电源输入。通过变压器将市电 220V 降压，设置变压比可以进行降压。根据式（30-1）可以计算出次级电感 L_2，有

$$\frac{U_1}{U_2} = \sqrt{\frac{L_1}{L_2}} \tag{30-1}$$

式中，U_1 为峰值电压 311V；U_2 为次级电压；L_1 为初级绕组电感量（默认值为 1H）；L_2 为次级绕组电感量。通过设置 L_2 进行降压，图 30-2 中将 L_2 设置为 0.00184H，降压后的电压约为 13.3V，如图 30-3 所示。

图 30-2　变压器参数设置

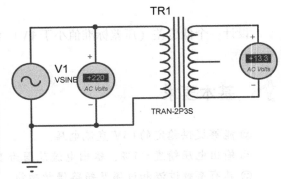

图 30-3　降压电路原理图

2. 整流电路

　　全波整流电路是对交流进行整流的电路。对于这种整流电路，在半个周期内，电流流过一个整流器件，而在余下的半个周期内，电流流经第二个整流器件，并且两个整流器件的连接能使流经它们的电流以同一方向流过负载。整流电路原理图如图 30-4 所示。整流电路输出波形如图 30-5 所示。

3. 滤波电路

　　电容滤波一般负载电流较小，可以满足放电时间常数较大的条件，所以输出电压波形的放电段比较平缓，纹波较小，输出脉动系数小，输出平均电压大，具有较好的滤波特性。把电容和负载并联，可在负载上得到平滑的直流电。电路在三端稳压器的输入端接入电解电容 $C_1 = 1000\mu\text{F}$ 用于电源滤波，其后并入电解电容 $C_2 = 4.7\mu\text{F}$ 用于进一步滤波。在

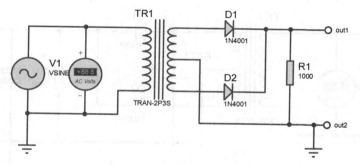

图 30-4　整流电路原理图

三端稳压器输出端接入电解电容 $C_3=4.7\mu F$ 用于减小电压纹波，而并入陶瓷电容 $C_4=100nF$ 用于改变负载的瞬态响应并抑制高频干扰（陶瓷小电容电感效应很小，可以忽略，而电解电容因为电感效应在高频段比较明显，所以不能抑制高频干扰）。

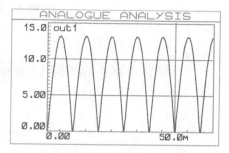

　　为了验证滤波电路的效果，以前端滤波电路（见图 30-6）为例进行分析。用示波器监视前端滤波电路输出波形，如图 30-7 所示。

图 30-5　整流电路输出波形

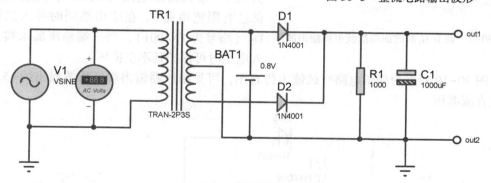

图 30-6　前端滤波电路

　　为了验证滤波电容的效果，在原电路的基础上将滤波电容 C_1 改为 $100\mu F$，输入依然为 13V、50Hz 的交流信号，设置方法如图 30-8 所示。利用软件图表功能仿真 out1 端输出波形，如图 30-9 所示。

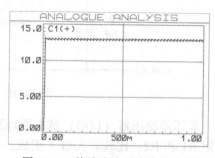

　　如图 30-9 所示，滤波电路中电容的大小直接影响电路的滤波效果。若将电容值设置过小，电路的滤波效果也会减弱。

图 30-7　前端滤波电路输出波形

　　综上所述，输入的交流信号经整流电路整流，最终将稳定有效的电压由 out1 端传输至稳压电路模块。可见，滤波电路在电路设计中是十分重要的。

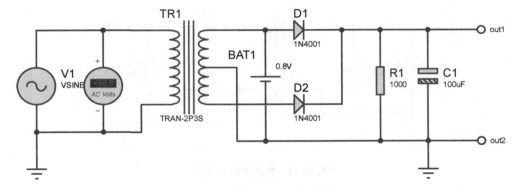

图 30-8　调节 C_1 后的前端滤波电路

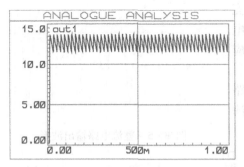

图 30-9　调节 C_1 后的前端滤波电路输出波形

4. 稳压电路

使用低压差线性稳压器有以下优点。

（1）具有负载短路保护功能。

（2）过压关断、过热关断。

（3）可以进行有效的过温和过流保护。

低压差稳压器选择 LD1117D50（输出电压为+5V，最大输出电流为 800mA，且稳压器内部已有限流电路）。在输出端同时并入二极管 D4（型号为 1N4001），当三端稳压器未接入输入电压时可保护其不至损坏。

图 30-10 所示为稳压电路空载输出仿真图，可见稳压器输出端经滤波输出约+5.00V 稳定直流电压。

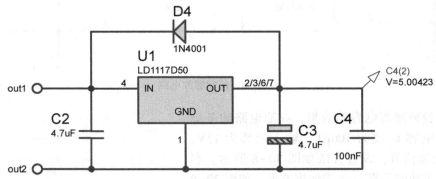

图 30-10　稳压电路空载输出仿真图

低压差稳压器（LDO）基本原理图如图 30-11 所示，该电路由串联调整管 VT、取样电阻 R1 和 R2、比较放大器 A 组成。低压差稳压器基本电路取样电压加在比较器 A 的同相输入端，与加在反相输入端的基准电压 U_{ref} 相比较，两者的差值经放大器 A 放大后，控制串联调整管的压降，从而稳定输出电压。当输出电压 U_{out} 降低时，基准电压与取样电压的差值增加，比较放大器输出的驱动电流增加，串联调整管压降减小，从而使输出电压升高。相反，若输出电压 U_{out} 超过所需要的设定值，则比较放大器输出的前驱动电流减小，从而使输出电压降低。

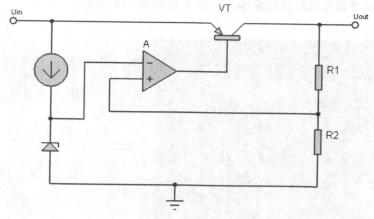

图 30-11　LDO 基本原理图

稳压电路空载输出如图 30-12 所示。

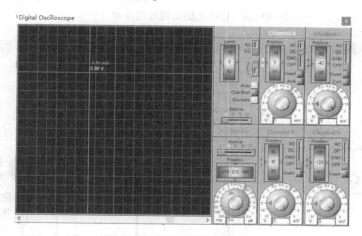

图 30-12　稳压电路空载输出

在稳压输出端接入 300Ω 电阻与 LED 负载进行稳压测试，仿真图如图 30-13 所示。

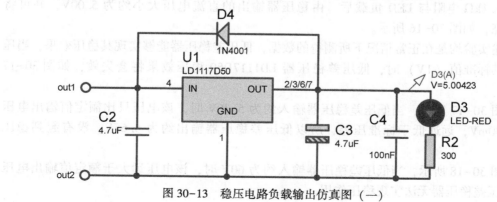

图 30-13　稳压电路负载输出仿真图（一）

235

加入 300Ω 电阻与 LED 负载后，由稳压器输出的直流电压大小约为 5.00V，并可将 LED 点亮。用示波器监视稳压电路输出，结果如图 30-14 所示。

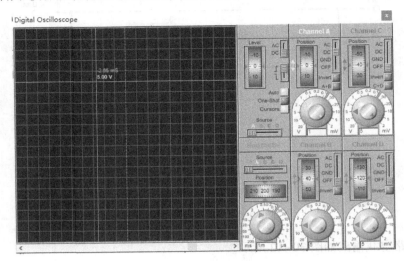

图 30-14　稳压电路负载输出显示（一）

随后在稳压器输出端加入 1kΩ 电阻与 LED 负载，仿真图如图 30-15 所示。

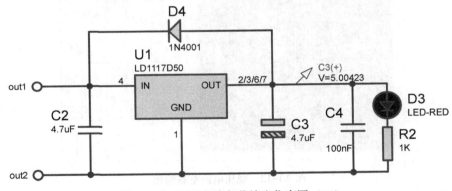

图 30-15　稳压电路负载输出仿真图（二）

加入 1kΩ 电阻与 LED 负载后，由稳压器输出的直流电压大小约为 5.00V，并可将 LED 点亮，如图 30-16 所示。

上述实验均是在正常情况下所测得的数据，低压差稳压器能够实现其稳压效果，当压差小于其标准值（1V）时，低压差稳压器 LD1117D50 稳压效果将会失效，如图 30-17 所示。

如图 30-17 所示，当低压差稳压器输入约为 5.30V 时，该电压只比额定值输出电压 5V 高 300mV，远远低于标准压差，所以低压差稳压器输出约为 4.65V，没有起到稳压效果。

如图 30-18 所示，当低压差稳压器输入约为 60V 时，该电压远大于额定值输出电压 5V，低压差稳压器无法实现稳压作用。

236

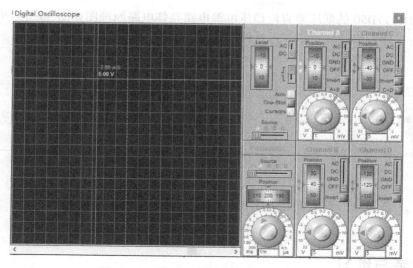

图 30-16　稳压电路负载输出显示（二）

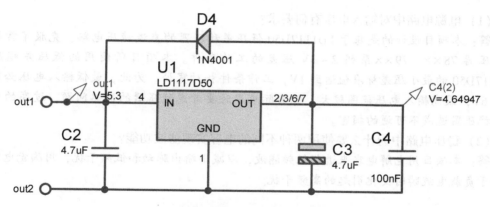

图 30-17　低压差稳压器输入电压过低示意图

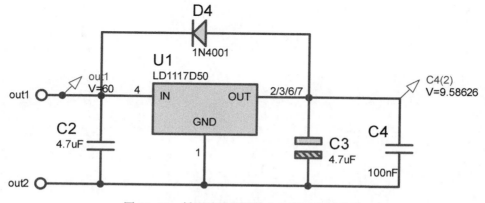

图 30-18　低压差稳压器输入电压过高示意图

由此可知，低压差稳压器输入、输出电压必须符合一定的范围，它才会正常工作达到稳压的效果。

237

基于 LD1117D50 的低压差直流稳压电源电路整体电路原理图如图 30-19 所示。

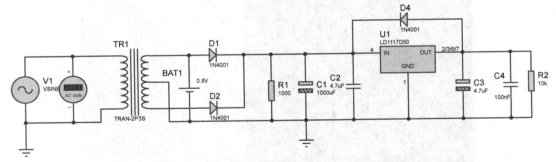

图 30-19　基于 LD1117D50 的低压差直流稳压电源电路整体电路原理图

 思考与练习

（1）电源电路中对输入电压有何要求？

答：本项目设计的是基于 LD1117D50 低压差稳压器的直流稳压电路，克服了常规线性稳压器 78××、79×× 系列 2～3V 压差的工作条件。本项目所使用的低压差稳压器 LD1117D50 的最小压差标准值达到 1V，工作条件相对宽松。为此，最低输入电压必须保证为 6V，最高输入电压范围较大，但实际应用时要考虑稳压器的散热问题，过高的电压会对稳压器造成不可逆的损害。

（2）稳压电路中为什么要使用两种不同的电容实现滤波功能？

答：本项目用电解电容来进行低频滤波，以减小输出脉动和低频干扰，用陶瓷电容减小由于负载电流瞬时变化引起的高频干扰。

项目 31 基于 LF45CV 的直流稳压电源电路设计

稳压电源是能为负载提供稳定直流电源的电子装置。直流稳压电源的供电电源大都是交流电源，当交流供电电源的电压或负载电阻发生变化时，稳压器的直流输出电压都会保持稳定。直流稳压电源在电源技术中占有十分重要的地位。随着电子设备向高精度、高稳定性和高可靠性的方向发展，对电子设备的供电电源提出了高的要求。本项目所介绍的直流稳压电源电路基于 LF45CV，具有操作方便、电压稳定度高等特点。

 设计任务

用 LF45CV 设计一个直流稳压电源，使其输出恒定电压。

 基本要求

☺ 能够提供稳定的+4.5V 直流电压。
☺ 不因负载（输出电压）变化而变化。
☺ 输出电流范围为 0~337mA。
☺ 输出电压精度≤±0.1%。

系统组成

基于 LF45CV 的直流稳压电源电路系统主要分为以下四部分。
☺ 降压电路：利用变压器对 220V 交流电网电压进行降压，变为所需的交流电压，以满足电源输出的需要。
☺ 整流电路：将交流电压变为单向脉冲的直流电压。
☺ 滤波电路：去掉整流电路输出的直流电中的纹波，将脉动直流电压转变为平滑的直流电压，主要利用储能元件电容来实现。
☺ 稳压电路：清除电网波动及负载变化的影响，保持输出电压的稳定。
系统模块框图如图 31-1 所示。

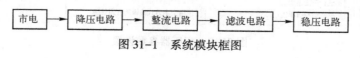

图 31-1 系统模块框图

239

模块详解

1. 降压电路

输入交流电压幅值设置为 311V，频率设置为 50Hz，等效为 220V 市电，降压电路原理图如图 31-2 所示。通过变压器将市电 220V 降压，电压之比与绕组电感量之比的关系为

$$\frac{U_1}{U_2} = \sqrt{\frac{L_1}{L_2}} \qquad\qquad (31-1)$$

式中，U_1 为初级电压；U_2 为次级电压；L_1 为初级绕组电感量（默认值为 1H）；L_2 为次级绕组电感量。通过设置 L_2 进行降压，将 L_2 设置为 0.00125H，如图 31-3 所示，降压后的电压有效值为 7.8V（峰值为 11.03V）。

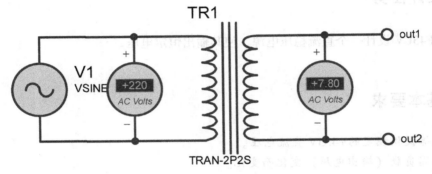

图 31-2　降压电路原理图

图 31-3　变压器参数设置

240

2. 整流电路

它是全波整流的一种方式，称为桥式整流电路。该电路使用四个二极管，变压器有中心抽头。单相桥式整流电路的变压器中只有交流电流过，效率较高。利用两个半桥轮流导通，形成信号的正半周和负半周。使用有中心抽头的变压器则可以得到正负两个电压输出。

整流电路原理图如图 31-4 所示。整流电路输出波形如图 31-5 所示。

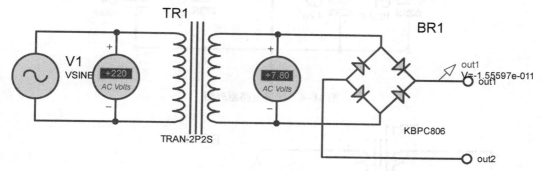

图 31-4　整流电路原理图

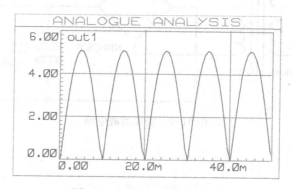

图 31-5　整流电路输出波形

3. 滤波电路

电容滤波一般负载电流较小，可以满足放电时间常数较大的条件，所以输出电压波形的放电段比较平缓，纹波较小，具有较好的滤波特性。把电容和负载并联，正半周时电容充电，负半周时电容放电，就可使负载上得到平滑的直流电。电路在稳压器的输入端接入电解电容 $C_1 = 1000\mu F$ 用于电源滤波，其后并入电解电容 $C_2 = 4.7\mu F$ 用于进一步滤波。在稳压器输出端接入电解电容 $C_3 = 4.7\mu F$ 用于减小电压纹波，而并入陶瓷电容 $C_4 = 100nF$ 用于改善负载的瞬态响应并抑制高频干扰。滤波电路原理图如图 31-6 所示。

为了验证滤波电容的效果，首先将 C_1 设置为 $100\mu F$，如图 31-7 所示。利用图表功能仿真 out1 端输出波形，如图 31-8 所示。

由图 31-8 可知，将 C_1 设置为 $100\mu F$ 时滤波效果一般，电压纹波较多。将 C_1 设置为 $1000\mu F$，如图 31-9 所示。利用图表功能仿真 out1 端输出波形，如图 31-10 所示。

由图 31-10 可知，将 C_1 设置为 $1000\mu F$ 时滤波效果更好，因此滤波电路中电容的大小直接影响电路的滤波效果。若将电容值设置过小，电路滤波效果也会减弱。

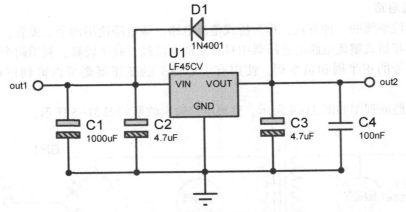

图 31-6　滤波电路原理图

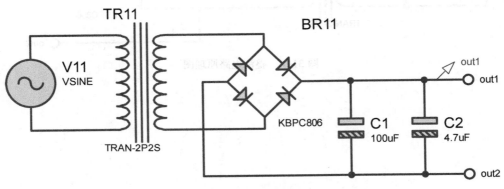

图 31-7　前端滤波电路

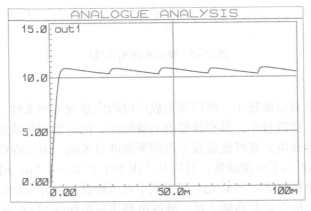

图 31-8　前端滤波电路输出波形

4. 稳压电路

　　本项目三端稳压器选择 LF45CV，它属于低压差线性稳压器，其输出电压为 4.5V，最大输出电流为 500mA，三端稳压器的最小标准值压差为 0.45V，即输入端电压应大于4.95V。在输出端同时并入二极管 D1（型号为 1N4001），当三端稳压器未接入输入电压时可保护其不至损坏。

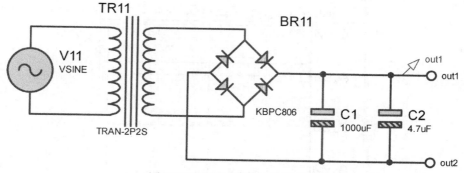

图 31-9　调节 C_1 后的滤波电路

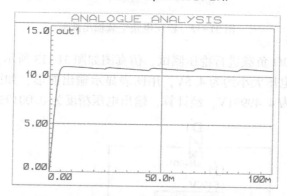

图 31-10　调节 C_1 后的滤波电路输出波形

　　三端稳压器在输出脚 VOUT 电压高于输入脚 VIN 电压时容易形成击穿而损坏，因此一般像图 31-6 中那样并联一个二极管 1N4001。其主要作用是：如果输入端不慎短路，三端稳压器输出脚电压会高于输入脚电压，此时二极管导通，输出脚电压通过二极管放电，可有效保护三端稳压器不被反向击穿。

　　电源信号由 out1 端输入三端稳压器，输出电压为 4.5V，稳压电路空载仿真图如图 31-11 所示，输出波形用图表显示，如图 31-12 所示。由图可知，实际输出电压为 4.49992V，经计算，输出电压精度为 0.0018%，满足设计要求。

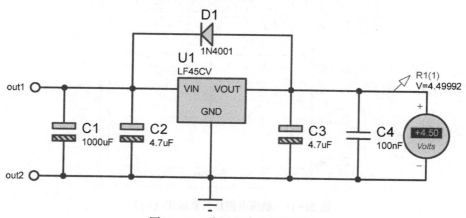

图 31-11　稳压电路空载仿真图

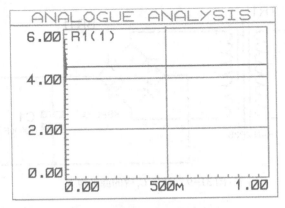

图 31-12　稳压电路空载输出波形

　　在输出端接入 500Ω 负载进行稳压测试，仿真图如图 31-13 所示。加入 500Ω 负载后，稳压电路输出的直流电压大小约为 4.5V，用图表显示输出波形，如图 31-14 所示。由图可知，实际输出电压为 4.49991V，经计算，输出电压精度为 0.0019%，满足设计要求。

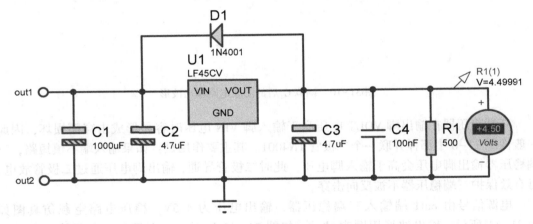

图 31-13　稳压电路加负载仿真图（一）

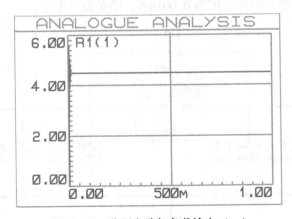

图 31-14　稳压电路加负载输出（一）

随后在三端稳压器输出端加入 2kΩ 负载进行测试，仿真图如图 31-15 所示，由稳压电路输出的直流电压大小约为 4.5V，用图表显示输出波形，如图 31-16 所示。由图可知，实际输出电压为 4.49991V，经计算，输出电压精度为 0.0019%，满足设计要求。

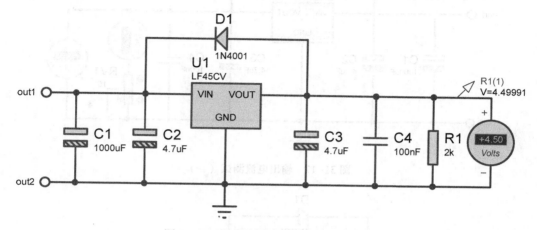

图 31-15　稳压电路加负载仿真图（二）

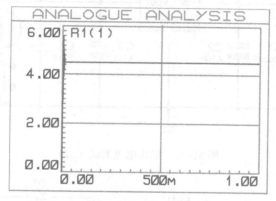

图 31-16　稳压电路加负载输出波形（二）

综上所述，本项目所设计的直流稳压电源能够在负载变化的情况下提供稳定的 +4.5V 直流电压。

下面测试稳压源工作时的输出电流范围，在输出端接一滑动变阻器，通过改变变阻器的阻值来改变输出电流，从而找到稳压时的电流最大值。为了测得输出电流值的上限，应选择阻值较小的滑动变阻器，最终选定最大值为 15Ω 的变阻器，输出电流测试如图 31-17 和图 31-18 所示。

如图 31-17 所示，将滑动变阻器的阻值从 100% 开始逐渐减小，当滑动变阻器置于 89% 时，输出电压稳定，输出电流为 +337mA；如图 31-18 所示，当将滑动变阻器置于 88% 时，输出电压开始不稳定。因此，稳压源输出电流最大值为 +337mA。

基于 LF45CV 的直流稳压电源电路整体电路原理图如图 31-19 所示。

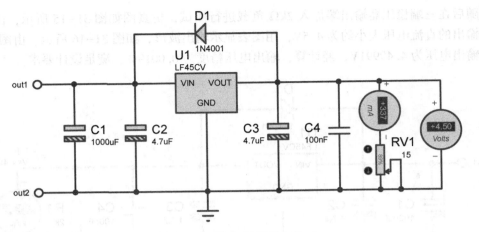

图 31-17　输出电流测试（一）

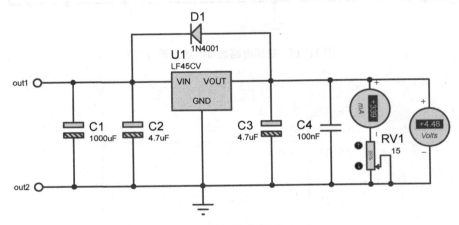

图 31-18　输出电流测试（二）

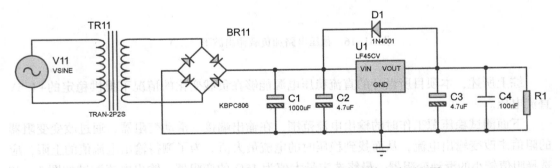

图 31-19　基于 LF45CV 的直流稳压电源电路整体电路原理图

 思考与练习

（1）如何验证电路是否为稳压电路？

246

答：可以通过在电路输出端并联不同阻值电阻或可变电阻器来实现。观察当负载变化时，输出电压（即负载两端电压）是否变化，若保持不变，则说明该电路为稳压电路。

（2）什么是纹波电压？

答：理想状态下，电源输出的直流电压应为一固定值，但是很多时候它是通过交流电压整流、滤波后得到的。由于滤波不干净或多或少会有剩余的交流成分，我们将这种包含周期性与随机性成分的杂波信号称为纹波。即便是用电池供电，也会因负载的波动而产生波纹。较大的纹波会对高速信号质量产生干扰，影响 CPU 与 GPU 的正常工作，所以这个数值越小越好。

项目 32　1.2V/3V 可选输出直流稳压电源电路设计

直流稳压电源是电子技术中常用的仪器设备之一，广泛应用于教学、科研等领域，是电子科技人员及电路开发部门进行实验操作和科学研究不可缺少的电子仪器。LF30CV5V和 LF12CV5V 是一类低压差稳压器，输入电压与输出电压的电压差最低为 0.45V，通过逻辑控制来选择输出稳定电压，适用于低噪声、低功耗的应用，特别是电池供电系统。

本项目中可选输出直流稳压电源的搭建以突出逻辑控制为核心，以逻辑控制门电路来实现可选功能，通过高低电平的选取让稳压器选择性地处于待机状态，使输出可选并且输出不冲突、易控制，从而降低了总功耗。通过两个稳压器来实现本项目 1.2V/3V 可选输出直流稳压电源电路的设计。

设计任务

用 LF30CV5V 和 LF12CV5V 设计一个直流稳压电源，实现 1.2V/3V 可选电压输出。

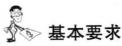

基本要求

☺ 电路采用直流 15V 供电。
☺ 能够提供稳定的 1.2V/3V 直流电压。

系统组成

1.2V/3V 可选输出直流稳压电源电路系统主要分为以下两部分。
☺ 前置电路：为系统提供 9V 电压和起到滤波的作用。
☺ 逻辑电路：利用两个 TTL7405 系列非门组成控制电路，起到开关的作用。
系统模块框图如图 32-1 所示。

图 32-1　系统模块框图

模块详解

1. 前置电路

此模块分输入部分和滤波部分，输入部分由 15V 电源供电，由电压源或电池提供电压。100μF 电解电容的作用是滤波，在现实中，为了不使电路各部分供电电压因负载变化而发生变化，因此在电源的输出端及负载的电源输入端分别焊接十至数百微法的电解电容。当 15V 电源接入电路时 D1 指示灯亮。前置电路原理图如 32-2 所示，输出仿真图如图 32-3 所示。

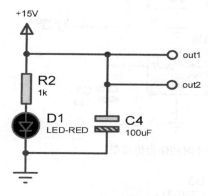

图 32-2　前置电路原理图

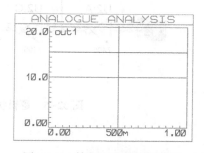

图 32-3　前置电路输出仿真图

2. 逻辑电路

逻辑电路是一种以二进制为原理，实现数字信号逻辑运算和操作的电路。由于只分高、低电平，抗干扰能力强，精度和保密性佳。逻辑电路广泛应用于计算机、数字控制、通信、自动化和仪表等方面。本项目的逻辑电路如图 32-4 所示。

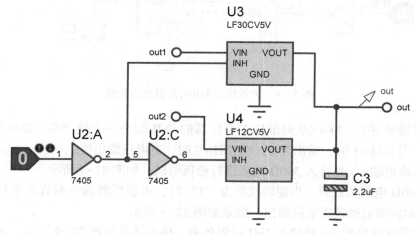

图 32-4　逻辑电路

249

该逻辑电路由 LF30CV5V、LF12CV5V、一个逻辑状态控制器（logic state）、两个 TTL 电子元件，以及一个电阻与一个电解电容构成。当逻辑状态为"1"（即高电平）时，LF30CV5V 的 INH 端为低电平，该稳压器处于工作状态；而 LF12CV5V 的 INH 端为高电平，该稳压器处于待机状态，所以输出约为 3.0V，如图 32-5 所示。当逻辑状态为"0"（即低电平）时，LF12CV5V 的 INH 端为低电平，该稳压器处于工作状态；而 LF30CV5V 的 INH 端为高电平，该稳压器处于待机状态，所以输出约为 1.2V，如图 32-6 所示。由此可知，当逻辑状态变化时，此逻辑电路的输出电压也随之变化。

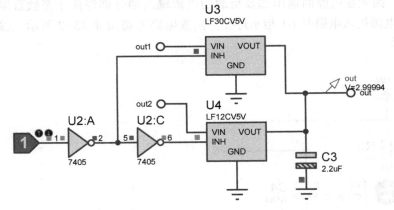

图 32-5　逻辑状态为 1 时的输出仿真图

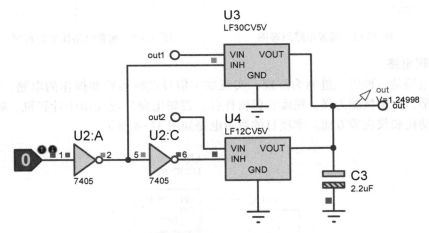

图 32-6　逻辑状态为 0 时的输出仿真图

在此逻辑电路中，LF×× 系列低压差稳压器的 INH 端为一个使能端，INH 是"禁止"控制引脚，当 INH=1 时，输出为 0，当 INH=0 时，有电压输出值。

在稳压输出端 out 处接入 300Ω 电阻进行稳压测试，如图 32-7 所示。

加入 300Ω 电阻负载后，当逻辑状态为"1"时，由稳压器输出的直流电压大小约为 2.99V。用示波器监视逻辑电路输出，结果如图 32-8 所示。

随后在稳压输出端 out 处接入 2kΩ 电阻负载，仿真结果如图 32-9 所示，示波器显示如图 32-10 所示。

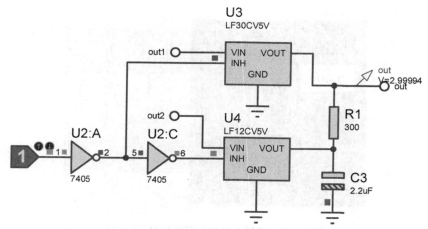

图 32-7 逻辑电路加负载输出仿真图 (一)

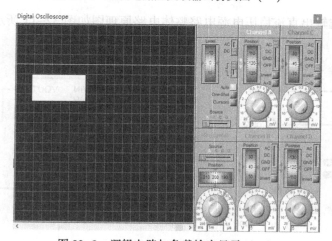

图 32-8 逻辑电路加负载输出显示 (一)

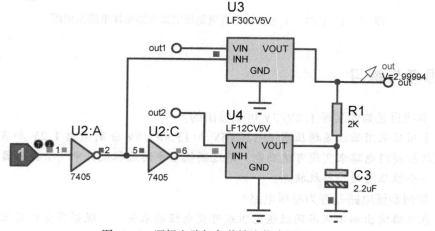

图 32-9 逻辑电路加负载输出仿真图 (二)

综上所述，本项目所设计的 1.2V/3V 可选输出直流稳压电源电路能够在负载变化的情况下提供稳定的 1.2V/3V 直流电压。

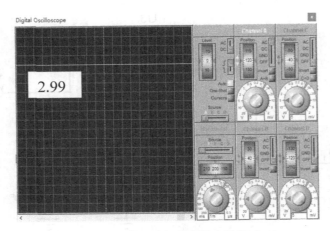

图 32-10 逻辑电路加负载输出显示（二）

1.2V/3V 可选输出直流稳压电源电路整体电路原理图如图 32-11 所示。

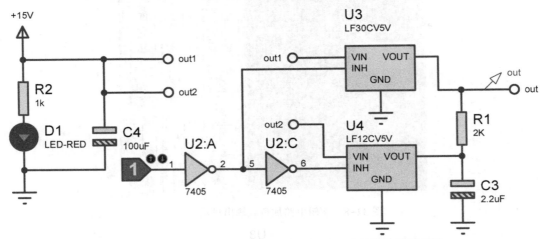

图 32-11 1.2V/3V 可选输出直流稳压电源电路整体电路原理图

 思考与练习

（1）本项目是如何实现 1.2V/3V 可选输出的？

答：本项目采用低压差稳压器 LF12CV5V 和 LF30CV5V 分别输出 1.2V 和 3V 稳定电压，以逻辑控制门电路来实现可选功能，通过高低电平的选取使其中一个稳压器处于输出状态，另一个稳压器处于待机状态。

（2）如何验证电路是否为稳压电路？

答：在电路输出端串联不同阻值电阻或可变电阻器来实现。观察当负载变化时，输出电压（即负载两端电压）是否变化，若保持不变，则说明该电路为稳压电路。

项目 33 基于 LM317T 的可调式带保护负载稳压电路设计

LM317T 是美国国家半导体公司的三端可调稳压器集成电路。LM317T 的输出电压范围是 1.25~37V，负载电流最大为 1.5A。它的使用很方便，仅需两个外接电阻来设置输出电压。此外，LM317T 的线性调整率和负载调整率也比标准的固定稳压器好。LM317T 内置有过载保护、安全区保护等多种保护电路。

设计一个可调式稳压电路，需要先将 220V 市电通过变压器变成低压交流电，交流电一般不会被直接使用，需通过整流桥将交流电变为脉动直流电，再通过滤波电路去除纹波，使脉动直流电趋向于更平滑的直流电，然后用 LM317T 和固定电阻、滑动电阻器组成可调稳压电路，通过三极管保护负载，实现一个可调式带保护负载稳压电路设计。

设计任务

利用 LM317T 设计一个可调式稳压电路，输出电压范围为 1.25~6V。

基本要求

☺ 能够提供可调的 1.25~6V 直流稳压电源。

☺ 当滑动变阻器中心线接触不良时，电路可以保护负载不被烧坏。

☺ 在正常范围内（压差最小不能小于 2V，最大不能超过 40V）输出电压不随输入电压的变化而变化，起到稳压作用。

☺ 输出电压精度 ≤1%，负载调整率 ≤1%，纹波电压（峰-峰值）≤0.5%。

系统组成

基于 LM317T 的可调式带保护负载稳压电路系统主要分为以下四部分。

☺ 降压电路：将市电变为低电压的交流电。

☺ 整流电路：将交流电变为直流电。

☺ 滤波电路：将脉动直流电通过滤波电容变为更加平稳的直流电。

☺ 稳压电路：将输入电压稳定在可调范围内，不随输入电压变化而变化。

系统模块框图如图 33-1 所示。

市电 → 降压电路 → 整流电路 → 滤波电路 → 稳压电路

图 33-1　系统模块框图

 模块详解

1. 降压电路

交流电压输入设置为 311V，频率设置为 50Hz，模仿市电变压后的低压交流电源输入。通过变压器将市电 220V 降压。由如下公式可以计算出次级电感 L_2：

$$\frac{U_1}{U_2} = \sqrt{\frac{L_1}{L_2}} \tag{33-1}$$

式中，U_1 为初级电压 220V；U_2 为次级电压；L_1 为初级绕组电感量（默认值为 1H）；L_2 为次级绕组电感量。通过设置 L_2 进行降压，图 33-2 中将 L_2 设置为 0.0035H，降压后的电压为 13.0V，如图 33-3 所示。

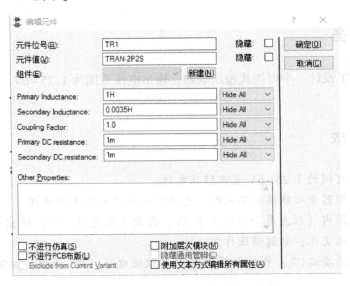

图 33-2　变压器参数设置

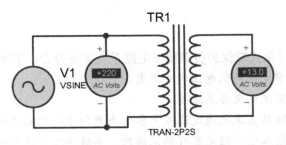

图 33-3　降压电路原理图

2. 整流电路

全波整流是一种对交流进行整流的电路。桥式整流是全波整流的一种，对于这种整流电路，在半个周期内，电流流过两个整流器件（比如晶体二极管），而在余下的半个周期内，电流流经另外两个整流器件，并且两个整流器件的连接能使流经它们的电流以同一方向流过负载。整流电路原理图如图33-4所示。整流电路输出波形如图33-5所示。

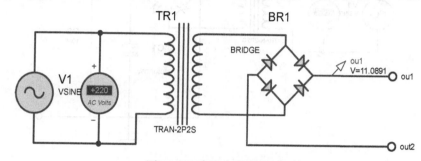

图33-4　整流电路原理图

3. 滤波电路

电容滤波一般负载电流较小，可以满足放电时间常数较大的条件，所以输出电压波形的放电段比较平缓，纹波较小，输出脉动系数小，具有较好的滤波特性。把电容和负载并联，可在负载上得到平滑的直流电。电路在三端稳压器的输入端接入电解电容 $C_1 = 2200\mu F$ 用于电源滤波，其后并入电解电容 $C_2 = 10\mu F$ 用于进一步滤波。在三端稳压器输出端接入电解电容 $C_5 = 1000\mu F$ 用于减小电压纹波，而并入

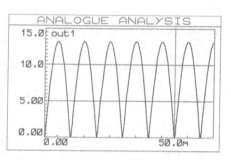

图33-5　整流电路输出波形

陶瓷电容 $C_4 = 0.1\mu F$ 用于改变负载的瞬态响应并抑制高频干扰（陶瓷小电容电感效应很小，可以忽略，而电解电容因为电感效应在高频段比较明显，所以不能抑制高频干扰）。滤波电路原理图如图33-6所示。

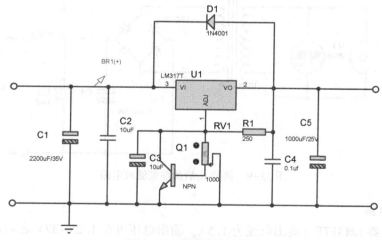

图33-6　滤波电路原理图

255

为了验证滤波电路的效果，以前端滤波电路（见图 33-7）为例进行分析。图 33-8 所示为前端滤波电路输出波形。

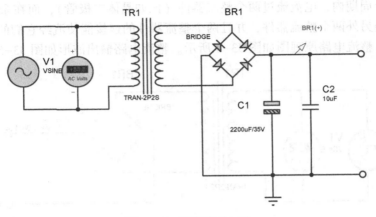

图 33-7　前端滤波电路

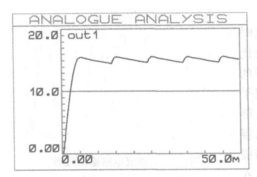

图 33-8　前端滤波电路输出波形

　　为了验证滤波电容的效果，在原电路的基础上将滤波电容 C_1 改为 $100\mu F$，输入信号依然为 15V、50Hz 的交流信号，如图 33-9 所示。利用软件图表功能仿真 out1 端输出波形，如图 33-10 所示。

　　如图 33-10 所示，滤波电路中电容的大小直接影响电路的滤波效果。若将电容值设置过小，电路的滤波效果也会减弱。

　　综上所述，输入的交流信号经整流、滤波后，最终将稳定、有效的电压由 out1 端传输至稳压电路模块。

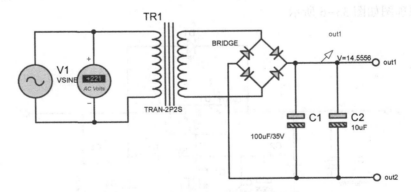

图 33-9　调节 C_1 后的前端滤波电路

4. 稳压电路

　　三端稳压器 LM317T（输出电流为 1.5A，输出电压可在 1.25~37V 之间连续调节，本项目设计为在 1.25~6V 之间可调），其输出电压由一个外接电阻 RV1 决定，输出端和调整端之间的电压差为 1.25V。在输出端并入二极管 D1（型号为 1N4001），当三端稳压器未接入输入电压时可保护其不至损坏。

应用 LM317T 制作可调式稳压电源，常因电位器接触不良使输出电压升高而烧毁负载。如果增加一个三极管，在正常情况下，Q1 的基极电位为 0，Q1 截止，对电路无影响；而当中心线接触不良时，Q1 的基极电位上升，当升至 0.7V 时，Q1 导通，将 LM317T 的调整端电压降低，输出电压也降低，从而对负载起到保护作用。如去掉三极管、断开中心线，3.8V 小灯

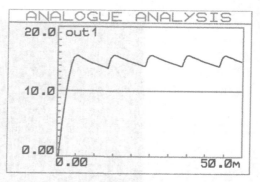

图 33-10　调节 C_1 后的前端滤波电路
输出波形

泡会立刻烧毁。而加入三极管 Q1 时，小灯泡亮度会减小，此时 LM317T 输出电压仅为 2V，从而可有效保护负载。

将 RV1 调至位置 1（49%）处，如图 33-11 所示，该稳压电路输出稳定正电压。三端稳压器在输出脚（图 33-11 中 2 脚）电压高于输入脚（图 33-11 中 3 脚）电压时最易形成击穿而损坏，因此一般都要并联一个二极管 1N4001。其主要作用是：如果输入端 C1 出现短路，则输出 2 脚电压会高于输入 3 脚电压，很容易击穿稳压器，所以反向并联一个二极管，对 2 脚电压进行泄放，使 2 脚到 3 脚电压限幅为 0.7V，可有效保护稳压器不被反向击穿。RV1 处于位置 1 时的稳压电路空载输出如图 33-12 所示。

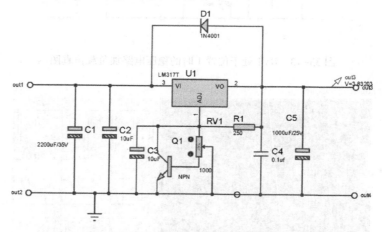

图 33-11　RV1 处于位置 1 时的稳压电路空载仿真图

加入 2kΩ 电阻与 LED 进行测试，如图 33-13 所示，用示波器监视正电压输出端 out3 与 out4，结果如图 33-14 所示。

可见，在正电源端通过调节 RV1，可使其 out3 端输出如图 33-14 所示的 3.85V 电压，此时电压驱动 LED 发光，但是发光亮度微弱。随后调节 RV1 到达位置 2（7%），使其阻值增大，则其对应电源输出电压也会增大。此时输出电压约为 5.95V，负载红色 LED 指示灯亮度增大。仿真图如图 33-15 所示。

用示波器监视电压输出端 out3 与 out4，结果如图 33-16 所示。

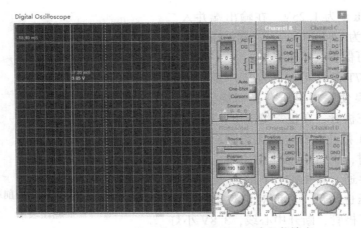

图 33-12　RV1 处于位置 1 时的稳压电路空载输出

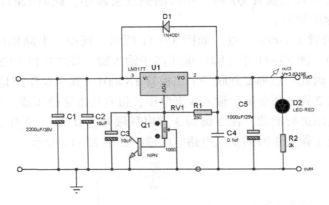

图 33-13　RV1 处于位置 1 时的稳压电路加负载仿真图

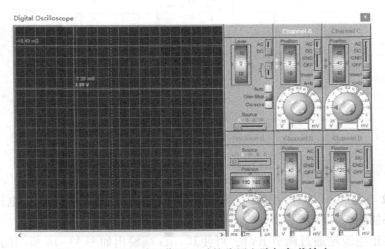

图 33-14　RV1 处于位置 1 时的稳压电路加负载输出

当滑动变阻器的中心线接触不良时，三极管 Q1 的基极电位上升，当升至 0.7V 时 Q1 导通，将 LM317T 的调整端电压降低，输出电压也降低，从而对负载起到保护作用，如图 33-17所示。

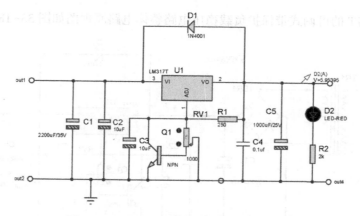

图 33-15　RV1 处于位置 2 时的输出仿真图

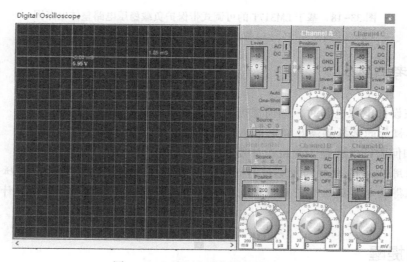

图 33-16　稳压电路负载输出显示

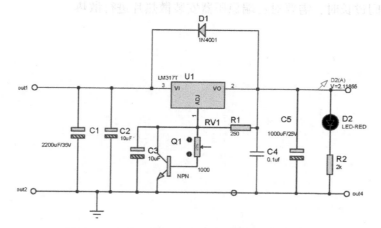

图 33-17　滑动变阻器中心线断开输出电压显示

基于 LM317T 的可调式带保护负载稳压电路整体电路原理图如图 33-18 所示。

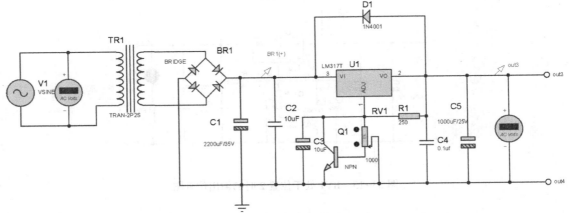

图 33-18　基于 LM317T 的可调式带保护负载稳压电路整体电路图

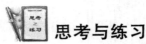 **思考与练习**

（1）在设计电源电路时，如何根据电源的要求对二极管进行选择？

答：二极管的选择要满足额定电压值和额定电流值。

（2）如何验证电路是否满足设计要求？

答：利用 Proteus 软件对电路进行仿真，用电压探针和图表观察输出电压值，通过改变负载电阻得到电路稳压范围并观察电压调整率，以此验证电路是否满足设计要求。

 特别提醒

当供电时间过长时，需要对三端稳压器安装散热片进行散热。

项目 34　基于 ICL7660 的变极性 DC/DC 变换器设计

ICL7660 变极性 DC/DC 变换器非常适合在数字电压表、数据采集等数字系统中使用，而且使用方便、功能强、市场前景广阔。它主要应用在电动汽车、太阳能电池阵、不停电电源（UPS）、分布式电站等方面。

设计任务

利用 ICL7660 设计一个反向放大的 DC/DC 变换器，使输出反向并放大两倍。

基本要求

☺ 能够提供稳定的 -10V 直流稳压电源。
☺ 工作电流为 $170 \sim 500\mu A$。
☺ 允许误差为 0.05%。

系统组成

基于 ICL7660 的变极性 DC/DC 变换器系统主要分为以下两部分。
☺ 反向电路：利用 ICL7660 将正电压输入变为负电压输出。
☺ 放大电路：将 ICL7660 串联获得多倍压输出以实现电压放大。
系统模块框图如图 34-1 所示。

图 34-1　系统模块框图

模块详解

1. 反向电路

ICL7660 是变极性 DC/DC 变换器，是 Maxim 公司生产的小功率极性反转电源转换器。其输入电压范围为 $1.5 \sim 10V$，工作频率为 10kHz，只需外接 $10\mu F$ 的小体积电容即可正常

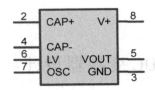

图 34-2 ICL7660 的引脚图

工作。通过该变换器可以将正电压输入变为负电压输出，即 V_I 与 V_0 的极性相反。这种变换器利用振荡器和多路模拟开关实现电压极性的转换，因而静态电流小、转换效率高、外围电路简单。ICL7660 的引脚图如图 34-2 所示。

ICL7660 各引脚的功能简述如下。

CAP+、CAP-：分别外接电容的正、负端；

GND：信号地；

VOUT：转换电压输出端（负端）；

LV：输入低电压控制端，输入电压小于 3.5V 时，该脚接地，输入电压高于 5V 时，该脚必须悬空，以改善电路的低压工作性能；

OSC：振荡器外接电容或时钟输出端；

V+：正电源端，范围为 1.5~10V。

ICL7660 主要应用在需要从+5V 逻辑电源产生-5V 电源的设备中，如数据采集、手持式仪表、运算放大器电源、便携式电话等。ICL7660 有两种工作模式：转换器、分压器。作为转换器时，该器件可将 1.5~10V 范围内的输入电压转换为相应的负电压；当超过最大输入电压后，可以看到无法提供反向电压。在本设计中主要运用它的反向和放大功能。

反向电路原理图如图 34-3 所示，输出电压波形如图 34-4 所示。

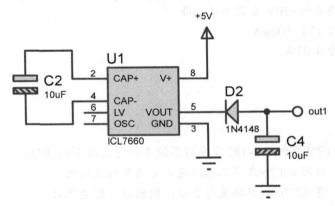

图 34-3　反向电路原理图

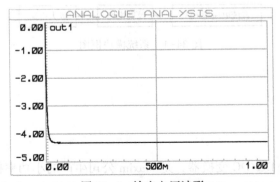

图 34-4　输出电压波形

262

利用图 34-3 所示电路可将+5V 电源变换为-5V 电源。图中的 C2、C4 均采用 10μF 的钽电容，以提高电源转换效率。需要指出的是，当 V_{DD}<+6.5V 时，5 脚可直接作为输出；当 V_{DD}>+6.5V 时，为避免芯片损坏，输出电路须串接一个二极管。该电路的最大负载电流为 10mA。

2. 放大电路

采用串联方式可获得多倍压输出，在 ICL7660 串联时，一般将第一个芯片的输出端与第二个芯片的 GND 端相连。若使用 3 个 ICL7660，则可获得三倍压输出，即 $V_O = -3V_{DD}$。通常，串联芯片不宜超过 3 个。放大电路原理图如图 34-5 所示。

值得注意的是，由于反向电路和放大电路中各存在一个二极管，使电路存在压降，最后输出电压为-8.3V，如图 34-6 所示，示波器输出如图 34-7 所示，与设计不符。又因为当 V_{DD}<+6.5V 时，5 脚可直接作为输出；只有当 V_{DD}>6.5V 时，为避免损坏芯片，输出电路才需要串入二极管。且该电路的输出电流不超过 10mA，不会损坏电路，故需将电路中的二极管去掉，输出电压波形和电压表视图分别如图 34-8 和图 34-9 所示。

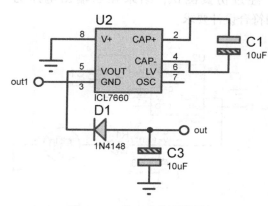

图 34-5　放大电路原理图

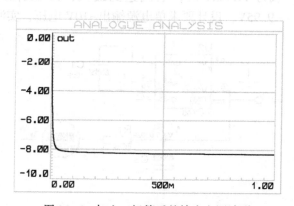

图 34-6　加入二极管后的输出电压波形

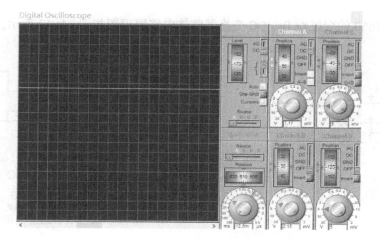

图 34-7　示波器输出

263

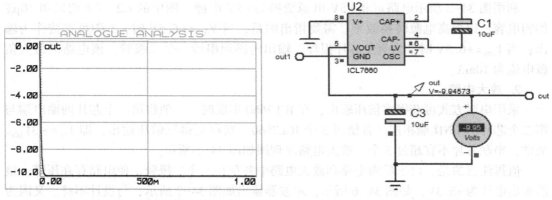

图 34-8　未加二极管时的输出电压波形　　　　　　图 34-9　电压表视图

　　如图 34-10 和图 34-11 所示，当负载为 58.3kΩ 时，电流达到最小，为 170μA；当负载为 19.6kΩ 时，电流达到最大，为 501μA。经过仿真测试，结果显示输出电压为 −9.95V，设计要求单电源输出−10V 电压，实测符合设计要求。

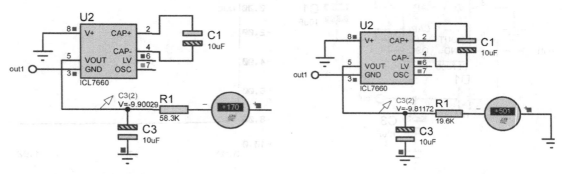

图 34-10　电流最小仿真图　　　　　　　　　　图 34-11　电流最大仿真图

　　基于 ICL7660 的变极性 DC/DC 变换器整体电路原理图如图 34-12 所示。

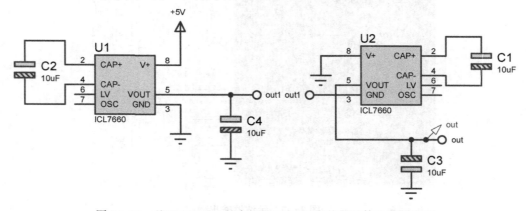

图 34-12　基于 ICL7660 的变极性 DC/DC 变换器整体电路原理图

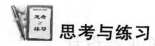

思考与练习

（1）ICL7660 对输入电压有何要求？

答：ICL7660 输入电压范围为 1.5～10V（Intersil 公司的 ICL7660A 输入电压范围为 1.5～12V）。

（2）如何验证电路是否满足设计要求？

答：利用 Proteus 软件对电路进行仿真，用电压探针、图表和示波器观察输出电压值是否满足设计要求。

项目 35　基于 CD4047BCN 的 DC/AC 逆变器设计

近年来，随着电力电子技术、各行各业自动化水平和控制技术的发展及其对操作性能要求的提高，逆变技术在许多领域的应用也越来越广泛，对电源的要求越来越高，因此逆变电源在各个领域当中也被广泛使用。逆变器是一种能将直流电转变为可变交流电的电子装置，使用适当的变压器、开关及控制电路可以将转变的交流电调整到需要的电压及频率值上。

逆变器是通过半导体功率开关的开通和关断作用，把直流电能转变为交流电能的一种变换装置，是整流变换的逆过程。首先，直流电压分为两路：一路给前级 IC 供电产生一个千赫兹级的控制信号；另一路到前级功率管，由控制信号推动功率管不断开关使高频变压器初级产生低压的高频交流电，通过高频变压器输出高频交流电，再经过快速恢复二极管全桥整流输出一个高频的几百伏直流电到后级功率管，然后再由后级 IC 产生 50Hz 左右的控制信号来控制后级的功率管工作，最后输出 220V、50Hz 的交流电。

 设计任务

设计一个将+12V 直流电转变为 220V 交流电的逆变器，使小灯泡点亮。

 基本要求

☺ 选择合适的变压器参数，使输出电压稳定。
☺ 经过逆变后直流信号转变为方波信号。
☺ 输出电压为 220V 交流电压，并点亮小灯泡。

系统组成

基于 CD4047BCN 的 DC/AC 逆变器系统主要分为以下三部分。
☺ 直流电源电路：为电路设计提供+12V 的直流电压。
☺ 逆变电路：通过芯片 CD4047BCN 把直流转变为方波信号，为逆变提供方波条件，场效应管与多谐振荡器共同完成逆变，放大振荡信号。
☺ 降压电路：将逆变后的电压作为初级电压，通过普通变压器降压至次级电压。
系统模块框图如图 35-1 所示。

图 35-1　系统模块框图

 模块详解

1. 直流电源电路

本设计的主要任务是由直流+12V转变为交流220V，因此需要加入+12V的直流电源。直流电源电路原理图如图35-2所示。

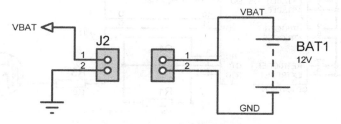

图 35-2　直流电源电路原理图

2. 逆变电路

逆变电路主要由多谐振荡器CD4047BCN和两个场效应管IRLZ44N组成。+12V直流电压经过多谐振荡器转变为方波信号，再通过场效应管实现升压。

CD4047BCN由可选通的非稳态多谐振荡器组成，可用作正/反向边沿触发单稳态多谐振荡器，具有重触发和外部计数选项功能。

下面介绍CD4047BCN的引脚配置和功能，引脚图如图35-3所示，各引脚功能如下。

引脚1——CTC：外接电容C，与R组成振荡网络。

引脚2——RTC：外接电阻R，与C组成振荡网络。

引脚3——RC：RC振荡网络的公共端，把R的一端与C的一端相连到一点，再把这点连接到引脚3。

引脚4——$\overline{\text{ASTABLE}}$：非稳态多谐振荡器的使能端，低电平有效。

引脚5——ASTABLE：非稳态多谐振荡器的使能端，高电平有效。

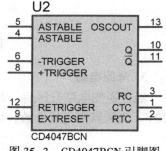

图 35-3　CD4047BCN引脚图

引脚6—— -TRIGGER：单稳态多谐触发器的触发信号，下降沿触发。

引脚7——VSS：公共接地端（仿真模型中省略）。

引脚8—— +TRIGGER：单稳态多谐触发器的触发信号，上升沿触发。

引脚9——EXTRESET：外部复位信号，高电平有效。如果有效，那么CD4047BCN的输出将复位。

引脚10——Q：输出端，与引脚11 $\overline{\text{Q}}$互补，相位相差180°。

引脚11——$\overline{\text{Q}}$：输出端，与引脚10 Q互补，相位相差180°。

引脚12——RETRIGGER：重复触发输入端，应用在重复触发模式。

引脚 13——OSCOUT：振荡波形输出，其频率是引脚 10、引脚 11 输出信号频率的 2 倍。

引脚 14——VDD：器件的电源端（仿真模型中省略）。

逆变电路原理图如图 35-4 所示。CD4047BCN 产生的方波信号可在 Q 和 $\overline{Q}$ 处测得，得到的仿真图如图 35-5 所示。

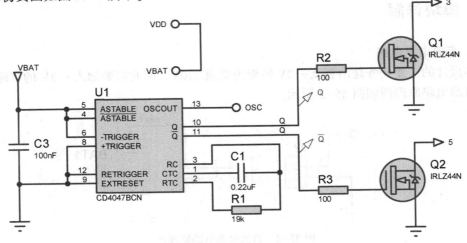

图 35-4　逆变电路原理图

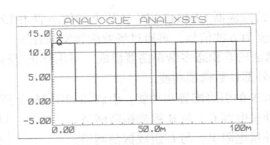

图 35-5　CD4047BCN 产生的方波信号

3. 降压电路

经过逆变电路升压后，此时的电压很大，需在电路中加入变压器使得输出电压稳定在 220V。变压器需设置参数，如图 35-6 所示。降压电路原理图如图 35-7 所示。

图 35-6　变压器参数设置

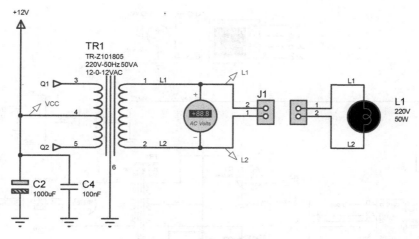

图 35-7　降压电路原理图

经测试，电路输出电压为 220V 交流电，并点亮小灯泡。电路仿真图如图 35-8 所示，输出波形如图 35-9 所示。

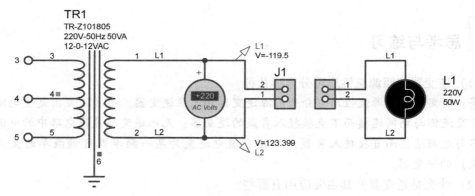

图 35-8　电路仿真图

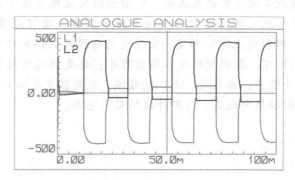

图 35-9　输出波形

基于 CD4047BCN 的 DC/AC 逆变器整体电路原理图如图 35-10 所示。

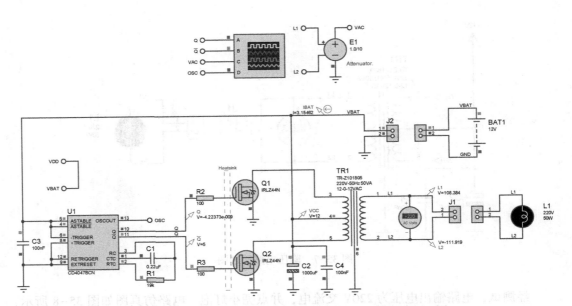

图 35-10　基于 CD4047BCN 的 DC/AC 逆变器整体电路原理图

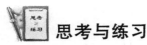 **思考与练习**

（1）逆变器按照源流性质可分为哪几种？

答：逆变器按照源流性质可分为有源逆变器和无源逆变器。有源逆变器是使电路中的电流在交流侧与电网连接而不直接接入负载的逆变器；无源逆变器是使电路中的电流在交流侧不与电网连接而直接接入负载（即把直流电逆变为某一频率或可调频率的交流电供给负载）的逆变器。

（2）什么是逆变器？其主要应用有哪些？

答：逆变器又称逆变电源，是一种电源转换装置，可将 12V 或 24V 的直流电转变为240V、50Hz 的交流电或其他类型的交流电。它输出的交流电可用于各类设备，最大限度地满足移动供电场所或无电地区用户对交流电源的需要。有了逆变器，就可将直流电（蓄电池、开关电源、燃料电池等）转变为交流电为电器提供稳定可靠的用电保障，如笔记本电脑、手机、手持 PC、数码相机及各类仪器等；逆变器还可与发电机配套使用，能有效地节约燃料、减小噪声；在风能、太阳能领域，逆变器更是必不可少。小型逆变器还可利用汽车、轮船、便携供电设备，在野外提供交流电源。